特种作业与特种设备作业安全操作培训丛书

电工作业安全操作技术

杨敬东　主编

中国劳动社会保障出版社

图书在版编目(CIP)数据

电工作业安全操作技术/杨敬东主编. —北京：中国劳动社会保障出版社，2012

（特种作业与特种设备作业安全操作培训丛书）

ISBN 978-7-5167-0038-9

Ⅰ.①电… Ⅱ.①杨… Ⅲ.①电工-安全技术-技术培训-教材 Ⅳ.①TM08

中国版本图书馆 CIP 数据核字(2012)第 247462 号

中国劳动社会保障出版社出版发行

（北京市惠新东街 1 号 邮政编码：100029）

出 版 人：张梦欣

*

北京市艺辉印刷有限公司印刷装订 新华书店经销

880 毫米×1230 毫米 32 开本 7.125 印张 174 千字

2012 年 10 月第 1 版 2012 年 10 月第 1 次印刷

定价：20.00 元

读者服务部电话：010-64929211/64921644/84643933

发行部电话：010-64961894

出版社网址：http：//www.class.com.cn

本书编写人员

主　编　杨敬东
副主编　王　涵
参　编　吕爱英　杨　永
主　审　王洪龄

内容简介

本书根据电工作业的岗位要求，参考国家安全生产监督管理总局颁布的“低压电工作业人员安全技术培训大纲和考核标准”对低压电工作业人员的培训和考核，从实际生产需要出发组织编写，具有实用、管用、够用的特色，是低压电工行业特种作业人员培训必备用书。也可供从事相关工作的有关人员参考。

本书涉及 6 个工作领域、20 个作业项目。内容包括安全用电技术，常用电工仪表的使用，小型变压器及电动机的安装与维护，半导体元器件、电路分析及测试，机床电路的调试与维修，手持及移动式电动工具的使用。

前　言

特种作业和特种设备作业技术含量高，专业性强，如果操作不当会引发安全事故，造成人员伤亡、设备损毁，后果极为严重。近年来，尽管国家安全生产监督管理总局和国家质量监督检验检疫总局采取了多项措施，加大了对安全生产的监督管理力度，但每年特种作业和特种设备作业事故仍频频发生，造成的直接经济损失和间接经济损失难以估量。

特种作业和特种设备作业事故大多发生在使用和操作环节，究其原因，一是作业人员的安全素质低，安全生产意识薄弱；二是违章作业、操作不当甚至无证作业；三是缺乏必备的安全生产知识技能；四是对设备缺乏维护和保养以及规章制度不健全，管理不善。其中，作业人员安全意识薄弱、违章作业、操作不当是造成人员重大伤亡事故的首要因素。

针对上述问题，为培养生产一线工人和基层生产管理者的安全意识，传授必备的安全生产知识和安全技术知识，使他们掌握正确的操作技术和方法，规范操作行为，养成良好的操作习惯，杜绝违章作业，我们组织了一批经验丰富、多年从事特种设备管理、特种作业培训的有关专家和一线教师编写了这套“特种作业与特种设备作业操作安全培训丛书”。本套丛书的编写打破了以往教材的编写模式，以生产中经常被忽视的安全问题和不当的操作方法为引导，以“血的教训”为警示，引出相关的安全生产知识和技能，力求突出以下特点：

1. 以经常犯的典型错误操作事例为引导，突出学习安全知识和安全技术的必要性，注重安全意识的培养和安全习惯的养成。

2. 打破传统教材的章节模式，以实际生产实践环节和作业项目为主线构建大纲，逻辑性强，符合学习者的认知规律。

3. 精选案例，并对案例进行深度挖掘和分析，找出关键点，以血的教训警示安全生产的重要性。

4. 内容精选，深入浅出，易于理解，方便教学。

5. 以固定栏目为基本编写模式，配以主题图标和操作示意图，表现形式活泼，图文并茂。

本套丛书在编写过程中，得到了北京市特种设备检测中心的大力支持；参与教材编写的行业专家和主编倾注了大量的心血，为教材的顺利出版做出了贡献。在此，我们表示衷心的感谢！同时，恳切希望广大读者提出宝贵的意见和建议，以便修订时加以完善。

编委会

二〇一一年三月

目　录

工作领域一

安全用电技术

作业项目1 电工安全

触电事故的原因多种多样，实践证明，组织措施与技术措施配合不当是造成事故的根本原因。没有组织措施，技术措施就难以保证；没有技术措施，组织措施也只是空洞条文。因此，必须同时重视电气安全技术措施和组织措施，做好电气安全管理工作。

操作误区

禁忌1　维修电工在对线路进行停电检修操作时，未采取在切断故障电路的刀开关附近悬挂警告牌等安全措施，并且和相关人员约定时间送电。

禁忌2　在进行电气维修操作，特别是带电作业前，没按规定及时检查各种电工工具的绝缘手柄、绝缘鞋（靴）、绝缘手套等安全用具的绝缘性能是否良好。

禁忌3　坐立在电动机及其他电气设备上或在其上放置衣物。

血的教训

◆**事故案例1**　某日，徐某同刘某在去接班的路上遇到下晚班的电工黄某、齐某，得知二车间发酵楼303搅拌罐控制失灵，需要检修。于是，四人一同上楼检查，但未找到故障点。此时，夜班锅炉电工王某正好路过，四人便让王某帮忙。经王某检查，初步判定是中间继电器损坏，需要更换，查明原因后，上晚班的黄某、齐某与王某当即下班。徐某、刘某认为自己难以修理，便去找下班休息的班长熊某。7 点 10 分，当徐某、刘某找熊某时，二车间当班操作工李某来到车间，按正常工作程序对 303 罐进行检修，同时让发酵工郑某卸下 303 罐的保险。郑某卸下保险，放在 303 罐配电盘前的地上后，因事离开。7 点 40 分，徐某和刘某找到熊某，三人一起来到配电盘前，见地上放着一对保险，未引起注意。熊某认为这是开始检修时徐某、刘某摘下的，即按顺序旋好，然后用电笔测试电路。刘某发现有电，即喊“有电”。徐某立即说：“有电就好，试吧”。熊某未做出任何表示，徐某以为熊某已同意，立即按下“启动”按钮，搅拌机启动旋转，将在消毒的李某打成重伤，经抢救无效死亡。造成此事故的原因是忽视安全，违章操作。徐某身为电工，却不顾安全，违反“在设备维修改进后，须向运行人员交底并与运行人员共同启动试运行”的规定，擅自按下启动按钮，导致李某重伤死亡，是事故发生的决定性原因。

◆ **事故案例 2**　某摩托车制造公司在生产过程中安排电工班对理化处分变电所变压器室进行定期维护及修理。接到任务后，电工班班长刘某独自一人前往。

到变电所后，由于麻痹大意，明知 6032 刀开关带电，仍带电操作，独自架梯登高作业。由于木梯离 6032 刀开关过近（距离小于 0.7 m），刘某突然遭到电击，从 1.2 m 的高处坠落下来，坠落时撞击变压器，造成开放性颅骨骨折、肋骨排列性骨折、双上肢电灼伤，经送医院抢救，终因伤势过重抢救无效死亡。刘某是一位老电工，有丰富的电工作业经验，却发生了这种严重违章事故，其原因就是安全意识淡薄，又未按照操作规程作业。因此，造成事故的最主要的原因是思想上的麻痹大意，操作上的严重违章。

专家提示

维修电工应具备的条件如下：

1. 必须精神正常，身体健康。凡患有高血压、心脏病、气喘病、神经系统疾病、色盲疾病、听力障碍及四肢功能有严重障碍者，不得从事电工工作。

2. 必须学会及掌握触电紧急救护法和人工呼吸法等。

3. 电工人身安全知识

(1) 在进行电气设备安装与维修操作时，必须严格遵守各种安全操作规程和规定，不得玩忽职守。

(2) 操作时，要严格遵守停电操作的规定，要切实做好防止突然送电时的各项安全措施，如锁上刀开关，并挂上“有人工作，不许合闸”的警告牌等，不准约定时间送电。

(3) 在邻近带电部分操作时，要保证有可靠的安全距离。

(4) 操作前应检查工具的绝缘手柄、绝缘鞋和绝缘手套等安全用具的绝缘性能是否良好，有问题的应立即更换，并应做定期检查。

(5) 登高工具必须安全可靠，未经登高训练的不准进行登高作业。

(6) 对于出现故障的电气设备、装置和线路，不能继续使用时，必须及时进行检修。

(7) 必须严格遵照操作规程进行运行操作，合上电源时，应先合隔离开关，再合负荷开关；分断电源时，应先断开负荷开关，再断开隔离开关。在需要切断故障区域电源时，要尽量缩小停电范围。

有分路开关的，要尽量切断故障区域的分路开关，尽量避免越级切断电源。

(8) 电气设备一般都不能受潮，要有防止雨、雪和水侵袭的措施。电气设备在运行时会发热，要有良好的通风条件，有的还要有防火措施。有裸露带电体的设备，特别是高压设备，要有防止因小动物窜入而造成短路事故的措施。

(9) 严禁用一线（相线）一地（指大地）安装用电器具。

(10) 电动机和电气设备上不可放置衣物，不可在电动机上坐立，雨具不可挂在电动机或开关等电器的上方。

(11) 堆放和搬运各种物资，安装其他设备时，要与带电设备和电源线相距一定的安全距离。

(12) 不可用水或泡沫灭火器灭火，尤其是有油类的火警，应采用黄沙、二氧化碳或1211灭火器灭火。

(13) 灭火人员不可使身体及手持的灭火器材碰到有电的导线或电气设备。

相关知识

电气安全工作基本要求的内容很多，归纳起来主要有以下几个方面：

一、电气安全工作基本要求

1. 建立健全规章制度

合理的规章制度是从人们长期生产实践中总结出来的，是保证安全生产的有效措施。安全操作规程、电气安装规程、运行管理和维护检修制度及其他规章制度都与安全有直接关系。

根据不同工种，应建立各种安全操作规程。如变电室值班安全操作规程、内外线维护检修安全操作规程、电气设备维修安全操作规程、电气试验安全操作规程、非专职电工人员手持电动工具安全操作规程、电焊安全操作规程、电炉安全操作规程、天车司机安全操作规程等。

安装电气线路和电气设备时，必须严格遵循安装操作规程，验收应符合安装操作规程的要求，这是保证线路和设备在良好、安全的状态下工作的基本条件之一。

根据环境的特点，应建立相适应的运行管理制度和维护检修制度。由于设备缺陷本身就是潜在的不安全因素，设备损坏（如绝缘损坏）往往是造成人身事故的重要原因，设备事故可能伴随着严重的人身事故（如电气设备着火、油开关爆炸），所以设备的运行管理和维护检修制度十分重要，严格执行这些制度，才能消除安全隐患，促进生产的连续发展。运行管理和维护检修应注意经常与定期相结合、专业队伍与生产工人相结合的原则。

对于某些电气设备，应建立专人管理的责任制。开关设备、临时线路、临时设备等都应由专人负责管理。特别是临时设备，最好能结合现场情况，明确规定安装要求、长度限制、使用期限等项目。

有些项目的检修应停电进行，对此应有明确规定。为了保证检修工作，特别是高压检修工作的安全，必须建立必要的安全工作制度，如工作票制度、工作监护制度等。

2. 配备管理机构和管理人员

应当根据本部门电气设备的构成和状态、本部门电气专业人员的组成和素质以及本部门的用电特点和操作特点，建立相应的管理机构，并确定管理人员和管理方式。为了做好电气安全管理工作，安全管理部门、动力部门（或电力部门）等部门必须互相配合，安排专人负责这项工作。专职管理人员应具备必需的电工知识和电气安全知识，并要根据实际情况制订安全措施计划，使安全工作有计划地进行，不断提高电气安全水平。

3. 定期进行安全检查

群众性的电气安全检查最好每季度进行一次，发现问题及时解决，特别要注意雨季前和雨季中的安全检查。

电气安全检查包括检查电气设备的绝缘有无损坏、绝缘电阻是否合格、设备裸露带电部分是否有防护设施；保护接零或保护接地是否正确、可靠，保护装置是否符合要求；手提灯和局部照明灯电压是否是安全电压或是否采取了其他安全措施；安全用具和电气灭火器材是否齐全；电气设备安装是否合格，安装位置是否合理；制度是否健全等内容。对变压器等重要电气设备要坚持巡视，并做必要的记录；对新安装设备，特别是自制设备的验收工作要坚持原则，一丝不苟；对使用中的电气设备应定期测定其绝缘电阻；对各种接地装置应定期测定其接地电阻；对安全用具、避雷器、变压器油及其他保护电器，也应定期检查、测定或进行耐压试验。

4. 加强安全教育

主要是为了使工作人员懂得电的基本知识，认识安全用电的重要性，掌握安全用电的基本方法。

新入厂的工作人员要接受班长、车间、生产小组的三级安全教育。一般职工要懂得电和安全用电的一般知识；使用电气设备的一般生产工人除需懂得一般知识外，还应懂得有关安全规程；独立工作的电工更应懂得电气装置在安装、使用、维护、检修过程中的安全要求，熟知电工安全操作规程，掌握扑灭电气火灾的方法，掌握触电急救的技能，电工要遵守职业道德，忠于职业纪律，团结协作，做好安全供电、用电工作，还要通过考试，取得合格证等。要达到上述各项要求，需要坚持做好群众性的、经常性的安全教育工作，如采用广播、图片、标语、报告、培训班等宣传教育方式。同时，还要深入开展交流活动，以推广各单位先进的安全组织措施和安全技术措施。

5. 组织事故分析

通过事故分析吸取教训。应深入现场，召开事故分析座谈会。分析发生事故的原因，制定防止事故的措施。

6. 建立安全技术资料

安全技术资料是做好安全工作的重要依据，应该注意收集和保存。

为了工作方便和便于检查，应建立高压系统图、低压布线图、全厂架空线路和电缆线路布置图及其他图样、说明、记录资料。对重要设备应单独建立资料，如技术规格、出厂试验记录、安装试车记录等。每次检修和试验记录应作为资料保存，以便于查对。设备事故和人身事故的记录也应作为资料保存。同时应当注意收集各种安全标准法规和规范。

二、保证安全的组织措施

在电气设备上工作，保证安全的组织措施包括工作票制度；工作许可制度；工作监护制度；工作间断、转移和终结制度。

1. 工作票制度

在电气设备上工作，应填用工作票或按命令执行，其方式有以下三种：

(1) 第一种工作票　填用第一种工作票的工作包括：高压设备上工作需要全部停电或部分停电的；高压室内的二次接线和照明等回路上的工作，需要将高压设备停电或采取安全措施的。第一种工作票见表1—1。

表1—1　　第一种工作票

第一种工作票						编号：
1. 工作负责人（监护人）：________________						
班组：________________						
2. 工作值班人员：________共________人						
3. 工作内容和工作地点：						
4. 计划工作时间：	自	年	月	日	时	分
	至	年	月	日	时	分
5. 安全措施：						

续表

下列由工作票签发人填写	下列由工作许可人（值班员）填写
应拉开关和刀开关，包括填写前已拉开关和刀开关（注明编号）	已拉开关和刀开关（注明编号）
应装接地线（注明地点）	已装接地线（注明接地线编号和装设地点）
应设遮栏，应挂标志牌	已设遮栏，已挂标志牌（注明地点）
	工作地点保留带电部分和补充安全措施
工作票签发人签名： 收到工作票时间： 年　月　日　时　分 值班负责人签名：	工作许可人签名： 值班负责人签名：

组长签名：

6. 许可开始工作时间：________年________月________日________时________分

工作负责人签名：________　工作许可人签名：________

7. 工作负责人变动：

原工作负责人____________离去；变更____________为工作负责人

变动时间：________年________月________日________时________分

工作票签发人签名：____________

8. 工作票延期，有效期延长到：________年________月________日________时________分

工作负责人签名：____________

值班或值班负责人签名：____________

9. 工作结束：值班工作人员已全部撤离，现场已清理完毕

全部工作于________年________月________日________时________分结束

工作负责人签名：________　工作许可人签名：________接地线共________组已拆除

值班负责人签名：________

10. 备注：____

（2）第二种工作票　填用第二种工作票的工作包括：带电作业和在带电设备外壳上的工作；在控制盘和低压配电盘、配电箱、电源干线上的工作；在二次接线回路上的工作；无须将高压设备停电

的工作；在转动中的发电机、同期调相机的励磁回路或高压电动机转子电阻回路上的工作；非运行人员用绝缘棒和高压互感器定相或用钳形电流表测量高压回路的电流。第二种工作票见表1—2。

表1—2　　第二种工作票

第二种工作票　　　　　　　　　　**编号：**
1. 工作负责人（监护人）：____________________
班组：____________________
工作人员：____________________
2. 工作任务：____________________
3. 计划工作时间：自___年___月___日___时___分至___年___日___时___分
4. 工作条件（停电或不停电）：____________________
5. 注意事项（安全措施）：____________________
工作票签发人签名：__________
6. 许可开始工作时间：______年______月______日______时______分
工作许可人（值班员）签名：__________
工作负责人签名：__________
7. 工作结束时间：______年______月______日______时______分
工作许可人（值班员）签名：__________
工作负责人签名：__________
8. 备注：____________________

工作票一式填写两份，一份必须经常保存在工作地点，由工作负责人收执，另一份由值班员收执，按执移交，在无人值班的设备上工作时，第二份工作票由工作许可人收执。

一个工作负责人只能发一张工作票。工作票上所列的工作地点以一个电气连接部分为限。如施工设备属于同一电压、位于同一楼层、同时停送电且不会触及带电导体时，可允许几个电气连接部分共用一张工作票。在几个电气连接部分上依次进行不停电的同一类型的工作，可以发给一张第二种工作票。若一个电气连接部分或一个配电装置全部停电，则所有不同地点的工作可以发给一张工作票，但要详细填明主要工作内容。几个班同时进行工作时，工作票可发给一个总的负责人。若至预定时间，一部分工作尚未完成，仍须继续工作而不妨碍送电者，在送电前，应按照送电后现场设备带电情况办理新的工作票，布置好安全措施后，方可继续工作。第一种和第二种工作票的有效时间以批准的检修期为限。第一种工作票至预定时间，工作尚未完成，应由工作负责人办理延期手续。

(3) 口头或电话命令　用于第一种和第二种工作票以外的其他工作。口头或电话命令必须清楚、正确，值班员应将发令人、负责人及工作任务详细记入操作记录簿中，并向发令人复诵核对一遍。

2. 工作许可制度

工作票签发人由车间（分场）或工区（所）熟悉人员技术水平、设备情况、安全工作规程的生产领导人或技术人员担任。工作票签发人的职责范围包括：工作必要性；工作是否安全；工作票上所填安全措施是否正确、完备；所派工作负责人员和工作班人员是否适当、足够，精神状态是否良好等。工作票签发人不得兼任该项工作的工作负责人。

工作负责人（监护人）由车间（分场）或工区（所）主管生产的领导书面批准。工作负责人可以填写工作票。

工作许可人不得签发工作票。工作许可人的职责范围包括：负责审查工作票所列安全措施是否正确、完备，是否符合现场条件；工作现场布置的安全措施是否完善；负责检查停电设备有无突然来电的危险；对于工作票所列内容，即使发生很小疑问，也必须向工作票签发人询问清楚，必要时要求做详细补充。

工作许可人（值班员）在施工现场采取安全措施后，还应会同工作负责人到现场检查所做的安全措施，以手触试，证明检修设备无电压，对工作负责人指明带电设备的位置和注意事项，同工作负责人分别在工作票上签名。完成上述手续后，工作班方可开始工作。

3. 工作监护制度

完成工作许可手续后，工作负责人（监护人）应向工作班人员交代现场安全措施、带电部分和其他注意事项。工作负责人（监护人）必须始终在工作现场，对工作班人员的安全认真监护，并及时纠正违反安全规程的操作。

全部停电时，工作负责人（监护人）可以参加工作班工作。部分停电时，只有在安全措施可靠，人员集中在一个工作地点，不至于误碰带电部分的情况下，方能参加工作。工作期间，工作负责人若因故必须离开工作地点时，应指定能胜任工作的人员临时代替，离开前应将工作现场交代清楚，并告知工作人员。原工作负责人返回工作地点时，也应履行统一的交接手续。若工作负责人需要长时间离开现场，应由原工作票签发人变更新的工作负责人，两个工作负责人应做好必要的交接。

值班员如发现工作人员违反安全规程或出现任何危及工作人员安全的情况，应向工作负责人提出改正意见，必要时可暂时停止工作，并立即报告上级。

4. 工作间断、转移和终结制度

工作间断时，工作人员应从工作现场撤出，所以安全措施应保持不动，工作票仍由工作负责人执存。每日收工，将工作票交回值班员。次日复工时，应征得值班员许可，取回工作票，工作负责人首先必须重新检查安全措施，确定符合工作票的要求后，方可工作。

全部工作完毕，工作班人员应清扫、整理现场。工作负责人应先周密检查，待全体工作人员撤离工作地点后，再向值班员讲清楚所修项目、发现的问题、试验结果和存在的问题等，并与值班员共同检查设备状态，有无遗留物件，是否做完清洁工作等，然后在工作票上填明工作终结时间，经双方签名后，工作票方告终结。

只有在同一停电系统的所有工作票结束，拆除所有接地线、临时遮栏和标志牌，恢复常设遮栏，并得到值班调度员或值班负责人的许可命令后，方可合闸送电。

已结束的工作票应妥善保存 3 个月。

三、保证安全的技术措施

在全部停电或部分停电的电气设备上工作，必须完成停电、验电、装设接地线、悬挂标志牌和装设遮栏后，方能开始工作。上述安全措施由值班员实施，无值班人员的电气设备，由断开电源人执行，并应有监护人在场。

1. 停电

工作地点必须停电的设备如下：

（1）待检修的设备。

（2）与工作人员在进行工作中正常活动范围的距离小于表1—3规定的设备。

表1—3　工作人员工作中正常活动范围与带电设备的安全距离

电压等级（kV）	安全距离（m）
10及以下（13.8）	0.35
20～35	0.60
44	0.90
60～110	1.50
154	2.00
220	3.00
330	4.00

（3）在44 kV以下的设备上进行工作，上述安全距离虽大于表1—3的规定，但小于表1—4的规定，同时又无安全遮栏的设备。

表1—4　设备不停电时的安全距离

电压等级（kV）	安全距离（m）
10及以下	0.7
20～35	1.00
44	1.20

续表

电压等级（kV）	安全距离（m）
60～110	1.50
154	2.00
220	3.00
330	4.00

（4）带电部分在工作人员后面或两侧无可靠安全措施的设备。

将检修设备停电，必须把各方面的电源完全断开（任何运行中的星形接线设备的中性点必须视为带电设备）。必须拉开电闸，使各方面至少有一个明显的断开点。对于与停电设备有关的变压器和电压互感器，必须从高、低压两侧断开，防止向停电检修设备反送电。禁止在只经开关断开电源的设备上工作，应断开开关和刀开关的操作电源，刀开关操作把手必须锁住。

2. 验电

验电时，必须用电压等级合适且合格的验电器。在检修设备的进、出线两侧分别验电。验电前，应先在有电设备上进行试验，以确认验电器良好，如在木杆、木梯或木架上验电，不接地线不能指示者，可在验电器上接地线，但必须经值班负责人员许可。

高压验电必须戴绝缘手套。对于 35 kV 以上的电气设备，在没有专用验电器的特殊情况下，可以使用绝缘棒代替验电器，根据绝缘棒端有无火花和放电声来判断有无电压。

表示设备断开和允许进入间隔的信号，经常接入的电压表的指示等，不得作为无电压的根据。但如果设备指示有电，则禁止在该设备上工作。

3. 装设接地线

当验明确无电压后，应立即将检修设备接地并三相短路。这是保证工作人员在工作地点防止突然来电的可靠安全措施，同时，设备断开部分的剩余部分电荷也可因接地而放尽。

对于可能送电至停电设备的各部位或可能产生感应电压的停电设备都要装设接地线，所装接地线与带电部分应符合规定的安全距离。

装设接地线必须两人进行。若为单人值班，只允许使用接地刀开关接地，或使用绝缘棒和接地刀开关。装设接地线必须先接接地端，后接导体端，并应接触良好。拆接电线的顺序与此相反。装、拆接地线均应使用绝缘棒或戴绝缘手套。

接地线应用多股软裸铜线，其截面应符合短路电流的要求，但不得小于 25 mm^2。接地线在每次装设以前应经过详细检查，损坏的接地线应及时修理或更换。禁止使用不符合规定的导线做接地或短路用。接地线必须用专用线夹固定在导体上，严禁用缠绕的方法进行接地或短路。

需要拆除全部或一部分接地线后才能进行的高压回路上的工作（如测量母线和电缆绝缘电阻，检查开关触头是否同时接触等）需经特别许可。拆除一项接地线、拆除接地线而保留短路线、将接地线全部拆除或拉开接地刀开关等工作必须征得值班员的许可（根据调度命令装设的接地线必须征得调度员的许可）。工作完毕应立即恢复。

4. 悬挂标志牌和装设遮栏

在工作地点、施工设备和一经合刀开关即可送电到工作点或施工设备的开关和刀开关的操作把手上，均应悬挂“禁止合闸，有人工作!”的标志牌。如果线路上有人工作，应在线路开关和刀开关操作把手上悬挂“禁止合闸，线路上有人工作!”的标志牌。标志牌的悬挂和拆除应按调度员的命令执行。

部分停电的工作，安全距离小于表 1—3 规定值的未停电设备，应装设临时遮栏，临时遮栏与带电部分的距离不得小于表 1—3 规定的数值。临时遮栏可用干燥木材、橡胶或其他坚韧绝缘材料制成，装设应牢固，并悬挂“止步，高压危险!”的标志牌。35 kV 及以下设备的临时遮栏，如因特殊工作需要，可用绝缘挡板与带电部分直接接触。但此种挡板必须具有高度的绝缘性能，符合耐压试验要求。

在室内高压设备上工作，应在工作地点两旁间隔和对面间隔的遮栏上及禁止通行的过道上悬挂“止步，高压危险!”的标志牌。

在室外地面高压设备上工作，应在工作地点四周用绳子做好围栏，围栏上悬挂适当数量的“止步，高压危险!”标志牌，标志牌必须朝向围栏外面。在工作地点悬挂“在此工作!”的标志牌。

在室外构架上工作，应在工作地点邻近带电部分的横梁上悬挂“止步，高压危险!”的标志牌，此项标志牌在值班人员监护下，由工作人员悬挂。在工作人员上下的铁架和梯子上，应悬挂“从此上下!”的标志牌，在邻近其他可能误登的构架上，应悬挂“禁止攀登，高压危险!”的标志牌。

严禁工作人员在工作中移动或拆除遮栏、接地线和标志牌。

5. 在高压设备上工作的安全措施

在运行中的高压设备上工作，有以下三种情况：

（1）全部停电的工作　室内高压设备（包括架空线路与电缆引入线在内）全部停电，通至邻接高压室的门全部闭锁，室外高压设备（包括架空线路与电缆引入线在内）全部停电。

（2）部分停电的工作　高压设备部分停电，或室内虽全部停电，但通至邻接高压室的门并未全部闭锁。

（3）不停电工作　包括不需要停电和没有偶然触及导电部分危险的工作，允许在带电设备外壳上或导电部分上进行的工作。

在高压设备上工作，必须遵守：填用工作票或口头、电话命令；至少应有两人在一起工作；完成保证工作人员的组织措施和技术措施。

作业项目2　触电急救

本项目主要介绍电工在发现有人发生触电事故后，首先应设法使人立即脱离电源，然后仔细检查触电轻重程度，根据不同情况，就地迅速和准确地对症急救，将触电伤害降到最低。

人触电以后，会不同程度地出现神经麻痹、呼吸困难、血压升高、昏迷、痉挛，直至呼吸中断、心脏停跳等现象。如果未见明显的致命外伤，就不能轻率地认定触电者已经死亡，而应该看做“假死”，应立即施行急救。有效的急救在于快而得法。即用最快的速度，施以正确的方法进行现场救护，多数触电者是可以复活的。

操作误区

禁忌 1 发现有人触电后，虽然也做到了积极抢救，但经过一段时间的抢救后，触电者仍未有苏醒迹象，在救护车到来之前，便停止对触电者的抢救，判断触电者已经死亡。

禁忌 2 在触电急救的过程中，为使触电者的心脏恢复跳动，采取给触电者打强心针的措施。

禁忌 3 在对触电者进行口对口人工呼吸和胸外心脏按压法的触电急救过程中，为不伤害触电者，在触电者的头部下垫软物。

血的教训

◆ **事故案例 1** 1997 年 12 月 21 日，在汕头市建安集团承建的天河北路光大银行大厦工地，杂工陈某发现潜水泵开动后漏电开关动作，便要求电工把潜水泵电源线不经漏电开关直接接通电源，起初电工不肯，但在陈某的多次要求下照办。潜水泵再次启动后，陈某拿一根钢筋欲挑起潜水泵检查其是否沉入泥里，当陈某挑起潜水泵时，即触电倒地，经抢救无效死亡。操作工陈某由于不懂电气安全知识，在电工劝阻的情况下仍要求将潜水泵电源线直接接到电源上，同时，在明知漏电的情况下用钢筋挑动潜水泵，违章作业，是造成事故的直接原因。电工在陈某的多次要求下违章接线，留下严重的事故隐患，是事故发生的重要原因。

◆ **事故案例 2**　1996 年，某轧钢厂中型车间主电室做电气试验，主电室按车间安排对 6 000 V 高压开关柜进行检修。高压开关柜电压互感器的隔离开关把坏了，领过一个低压的不能用，机动科电气工程师贾某让拿过来再试试。他试后说："可以用！"于是就拆下坏的，同时让电工班长卢某找螺钉。卢某找来螺钉只安上一个，贾某说："我到盘后面，你在前面。"之后，卢某听到"嗞嗞……"的放电声，抬头一看，刀开关已合上了，便马上把油开关断开，跑到盘后面，把已经休克的贾某从高压柜内拉出来，平放在地上。此时，已摸不到贾某的脉搏，卢某立即对其进行胸外心脏按压法抢救。按压十几次以后贾某才恢复呼吸。经检查，贾某的 10 个手指有 8 个放电，戴手表的手腕一周被电灼伤，胳膊也被电灼伤，肚子接地后也导致灼伤。事故发生的原因是：在电气设备上作业，有关安全制度不落实；电气技术人员对工作是否安全，措施是否完备，未予以核实，属违章指挥；工作负责人（电工班长）未抵制违章指挥导致事故发生。

◆ **事故案例 3**　2000 年 11 月 4 日，安徽省某化肥厂合成氨车间碳化工段发生了一起维修人员被电弧灼伤的事故。碳化工段的氨水泵房 1# 碳化泵电动机烧坏。工段维修工按照工段长的安排，通知值班电工到工段切断电源，拆除电线，并把电动机抬下基础运到维修班抢修。16 时 30 分左右，电动机修好运回泵房。维修组组长林某找来铁锤、扳手、垫铁，准备磨平基础，安放电动机。当他正要在基础前蹲下作业时，一道弧光将他击倒。同伴见状，急忙将其拖出现场，送往医院治疗。这次事故使林某左手臂、左大腿部皮肤被电弧烧伤，深及Ⅱ度。事故原因：电工断电拆线不彻底是发生事故的主要原因。电工断电后没有严格执行操作规程，将熔丝拔除，将线头包扎，并挂牌警示；碳化工段当班操作工在开停碳化泵时，误将开关按钮按开，使线端带电，是本次事故的诱发因素。电气车间管理混乱，个别电工业务素质不高。对电气作业人员落实规程缺乏检查，使电工作业（工作总结）不规范，这是事故发生的间接原因。

专家提示

1. 如果触电者伤情不太严重，脱离电源后神志清醒，只感觉到心慌，四肢发麻，全身无力或者曾一度昏迷，但很快恢复了知觉。在这种情况下，应使触电者就地安静舒适地躺下，休息 1～2 h，让其自己慢慢恢复正常，但应随时注意观察病情变化。

2. 如果触电者受伤很严重，呼吸已经停止或非常微弱，应立即进行人工呼吸抢救。如果呼吸停止，心脏也停止了跳动，就应同时采用口对口人工呼吸和胸外心脏按压两种方法进行抢救。

3. 抢救触电者，往往需要很长时间才能把人救活，因此抢救过程中要有耐心，中间不能停止。经过长时间抢救后，如果触电者面色好转，嘴唇红润，瞳孔缩小，心跳和呼吸逐渐恢复，才能算初步脱离危险。只有在抢救确实无效，经医护人员断定触电者确已死亡（瞳孔放大，身上出现尸斑），才能停止抢救。

4. 如果触电者受伤很严重，应及时送往医院，而且在送医院的途中也不能停止口对口人工呼吸及胸外心脏按压等抢救措施。

5. 在触电急救过程中，不能乱打强心针。因为人触电后，心脏在电流的作用下，心室可能呈现剧烈的颤动，如果盲目注射强心针，会增加对心脏的刺激，加快死亡。

6. 在触电者头部下垫软物会导致触电者呼吸道打不开，从而加重呼吸道的阻塞，影响人工呼吸救护的效果。

相关知识

一、触电事故种类

按照触电事故的构成方式，触电事故可分为电击和电伤。

1. 电击

电击是电流对人体内部组织的伤害，是最危险的一种伤害，绝大多数（85%以上）的触电死亡事故都是由电击造成的。电击的主要特征：伤害在人体的内部；在人体的外表没有明显的痕迹；致命电流较小。

2. 电伤

电伤是由电流的热效应、化学效应、机械效应等对人体造成的伤害。触电伤亡事故中，纯电伤性质的及带有电伤性质的约占75%（电烧伤约占40%）。尽管85%以上的触电死亡事故是电击造成的，但其中大约70%含有电伤成分。对专业电工自身安全而言，预防电伤具有更重要的意义。

二、触电方式

1. 单相触电

当人体直接碰触带电设备其中一相时，电流通过人体流入大地，这种触电现象称为单相触电。

（1）电源中性点接地的单相触电如图1—1所示，这时人体处于相电压下，危险较大。

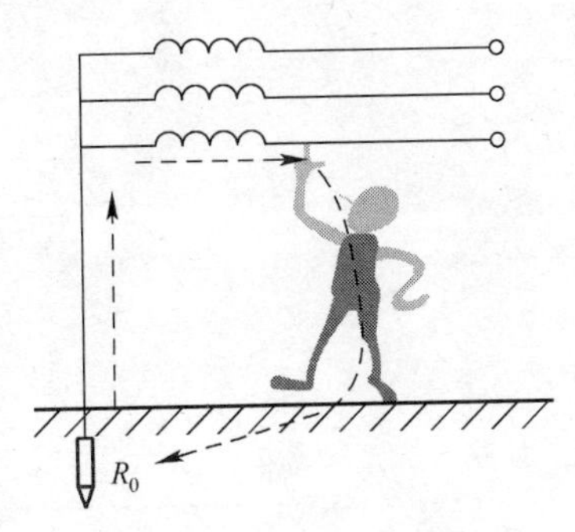

图1—1　电源中性点接地的单相触电

（2）电源中性点不接地系统的单相触电如图1—2所示，人体接触某一相时，通过人体的电流取决于人体电阻 R_b 与输电线对地绝缘电阻 R' 的大小。若输电线绝缘良好，绝缘电阻 R' 较大，对人体的危害性就减小。但导线与地面间的绝缘可能不良，甚至有一相接地，这时人体中就有电流通过。

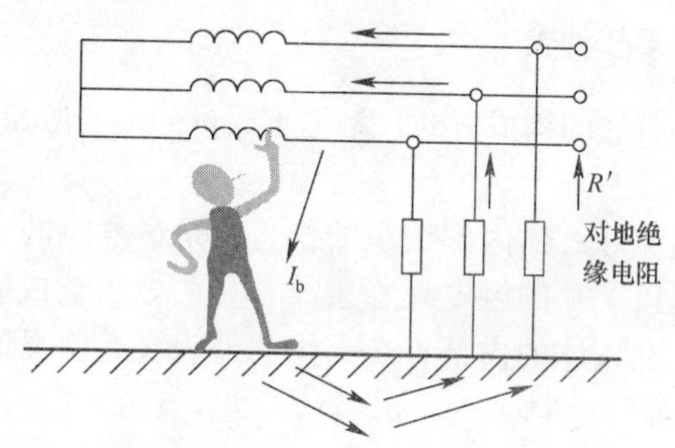

图 1—2　电源中性点不接地系统的单相触电

2. 两相触电

人体同时接触带电的设备或线路中的两相导体，或在高压系统中，人体同时接近不同相的两相带电导体而发生电弧放电，电流从一相导体通过人体流入另一相导体，构成一个闭合回路，这时人体处于线电压下（见图 1—3），称为两相触电，这种触电后果很严重。

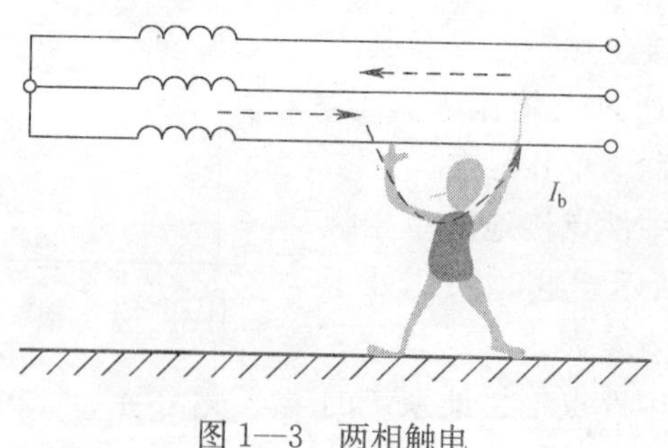

图 1—3　两相触电

3. 高压触电

（1）高压电弧触电如图 1—4 所示。

图 1—4　高压电弧触电

（2）跨步电压触电（见图 1—5）　影响跨步电压的因素：接地电流大小，鞋、地面特征、两脚之间的距离、两脚的方位及离接地点的距离。

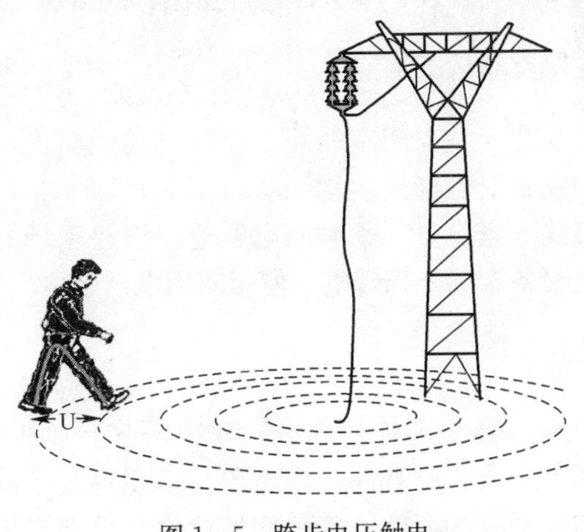

图 1—5　跨步电压触电

可能发生跨步电压触电的部位：高压导体故障接地处；接地装置流过故障电流时；较大的工作电流流过接地装置附近；防雷装置接受雷击时，接地装置附近；高大设施或高大树木遭受雷击时。

三、触电事故发生的主要原因

1. 用电设备质量和安装质量不好。
2. 用电制度不健全或有章不循。
3. 没有采取触电保护措施或措施不利。
4. 缺乏必要的安全用电知识。

四、触电事故的规律和特点

1. 规律

与季节有关：6—9 月；低压触电多于高压触电；发生在电气连接部位的较多；使用移动式电气设备的较多；与环境有关；违反操作规程导致的触电事故较多。

2. 特点

具有多发性、突发性、季节性、行业性、偶然性，死亡率高。

五、发生触电事故的部位

在变配电装置上；在架空线路上；在电缆线路上；检修线路或设备；在开关设备上触电。

使用携带式电气设备；临时用电触电；作业现场的非电气金属物带电；电气设备金属外壳带电；使用家用电器触电。

操作指南

人触电以后，会出现神经麻痹、呼吸困难、血压升高、昏迷、痉挛，直至呼吸中断、心脏停跳等现象，呈现昏迷不醒的状态。如果未见明显的致命外伤，就不能轻率地认定触电者已经死亡，而应该看做是“假死”，并施行急救。有效的急救在于快而得法。即用最快的速度，施以正确的方法进行现场救护，多数触电者是可以复活的。触电急救的第一步是使触电者迅速脱离电源，第二步是现场救护，现分述如下：

一、使触电者迅速脱离电源

电流对人体的作用时间越长，对生命的威胁就越大。所以，触电急救的关键是首先要使触电者迅速脱离电源。可根据具体情况，选用下述几种方法使触电者脱离电源：

1. 脱离低压电源的方法

脱离低压电源的方法可用“拉”“切”“挑”“拽”和“垫”五字来概括。

(1)“拉”　指就近拉开电源开关、拔出插头或瓷插保险。此时应注意拉线开关和扳拉开关是单极的，只能断开一根导线，有时由于安装不符合规程要求，把开关安装在零线上。这时虽然断开了开关，人体触及的导线可能仍然带电，这就不能认为已切断了电源。

(2)“切”　指用带有绝缘柄的利器切断电源线。当电源开关、插座或瓷插保险距离触电现场较远时，可用带有绝缘手柄的电工钳或有干燥木柄的斧头、铁锹等利器将电源线切断。切断时应防止带电导线断落后触及周围的人体。多芯绞合线应分相切断，以防短路伤人。

(3)“挑”　如果导线搭落在触电者身上或被其压在身下，这时可用干燥的木棒、竹竿等挑开导线或用干燥的绝缘绳套拉导线或触电者，使之脱离电源。

(4)“拽”　救护人可戴上手套或在手上包缠干燥的衣服、围巾、帽子等绝缘物品拖拽触电者，使之脱离电源。如果触电者的衣裤是干燥的，又没有紧缠在身上，救护人可直接用一只手抓住触电者不贴身的衣裤，使其脱离电源。但要注意拖拽时切勿触及触电者的体肤。救护人也可站在干燥的木板、木桌椅或橡胶垫等绝缘物品上，用一只手使触电者脱离电源。

(5)“垫” 如果触电者由于痉挛，手指紧握导线或导线缠绕在身上，救护人可先用干燥的木板塞进触电者身下，使其与地绝缘来隔断电源，然后再采取其他办法把电源切断。

2. 脱离高压电源的方法

由于高压装置的电压等级高，一般绝缘物品不能保证救护人的安全，而且高压电源开关一般距离现场较远，不便拉闸。因此，使触电者脱离高压电源的方法与脱离低压电源的方法有所不同，通常的做法如下：

(1) 立即电话通知有关供电部门拉闸停电。

(2) 如电源开关离触电现场不太远，则可戴上绝缘手套，穿上绝缘靴，拉开高压断路器，或用绝缘棒拉开高压跌落保险以切断电源。

(3) 往架空线路上抛挂裸金属软导线，人为造成线路短路，迫使继电保护装置动作，从而使电源开关跳闸。抛挂前，将短路线的一端先固定在铁塔或接地引线上，另一端系上重物。抛掷短路线时，应注意防止电弧伤人或断线危及人员安全，也要防止重物砸伤人。

(4) 如果触电者触及断落在地上的带电高压导线，且尚未确证线路无电之前，救护人员不可进入断线落地点 8～10 m 的范围内，以防止发生跨步电压触电。进入该范围的救护人员应穿上绝缘靴或临时双脚并拢跳跃地接近触电者。触电者脱离带电导线后应迅速将其带至 8～10 m 以外，立即开始触电急救。只有在确保线路已经无电后，才可在触电者离开触电导线后就地急救。

3. 在使触电者脱离电源时应注意的事项

(1) 救护人不得采用金属和其他潮湿的物品作为救护工具。

(2) 未采取绝缘措施前，救护人不得直接触及触电者的皮肤和潮湿的衣服。

（3）在拉拽触电者脱离电源的过程中，救护人员宜用单手操作，这样对救护人员比较安全。

（4）当触电者位于高位时，应采取措施预防触电者在脱离电源后坠地摔伤或摔死。

（5）夜间发生触电事故时，应考虑切断电源后的临时照明问题，以利于救护。

二、现场救护

触电者脱离电源后，应立即就地进行抢救。“立即”就是争分夺秒，不可贻误。“就地”就是不能消极地等待医生的到来，而应在现场施行正确救护的同时，派人通知医务人员到现场并做好将触电者送往医院的准备工作。

根据触电者受伤害的轻重程度，现场救护有以下几种抢救措施：

1. 触电者未失去知觉的抢救措施

如果触电者所受的伤害不太严重，神志尚清醒，只是心悸、头晕、出冷汗、恶心、呕吐、四肢发麻、全身乏力，甚至一度昏迷，但未失去知觉，则应让触电者在通风、暖和的处所静卧休息，并派人严密观察，同时请医生前来或送往医院诊治。

2. 触电者已失去知觉（心肺正常）的抢救措施

如果触电者已失去知觉，但呼吸和心跳尚正常，则应使其舒适地平卧着，解开衣服以利于呼吸，四周保持空气流通，冷天应注意保暖，同时立即请医生前来或送往医院诊察。若发现触电者呼吸困难或心跳失常，应立即施行人工呼吸或胸外心脏按压。

3. 对“假死”者的抢救措施

如果触电者呈现“假死”（即所谓电休克）现象，则可能有三种临床症状：一是心跳停止，但尚能呼吸；二是呼吸停止，但心跳尚存（脉搏很弱）；三是呼吸和心跳均已停止。“假死”症状的判定方法是“看”“听”“试”。“看”是观察触电者的胸部、腹部有无起伏动作；“听”是用耳贴近触电者的口鼻处，听其有无呼气声音；“试”是用手或小纸条测试其口鼻有无呼吸的气流，再用两手指轻压一侧（左或右）喉结旁凹陷处的颈动脉测试有无搏动感觉。如“看”“听”“试”的结果是既无呼吸又无颈动脉搏动，则可判定触电者呼吸停止或心跳停止或呼吸心跳均停止。“看”“听”“试”的操作方法如图1—6所示。

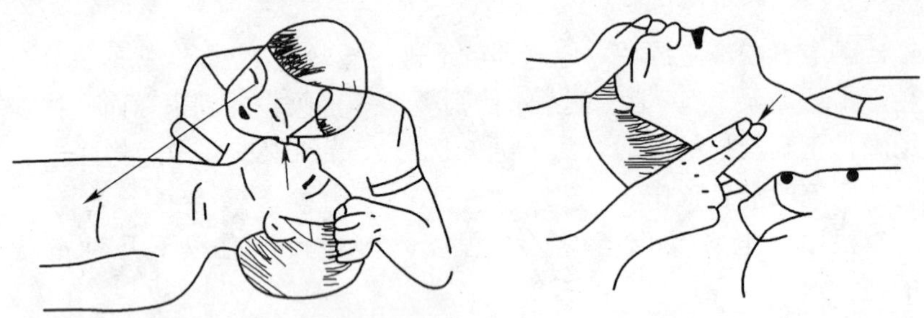

图1—6　判定“假死”的“看”“听”“试”操作方法

当判定触电者呼吸和心跳停止时，应立即按心肺复苏法就地抢救。所谓心肺复苏法就是支持生命的三项基本措施，即通畅气道；口对口（鼻）人工呼吸；胸外心脏按压（人工循环）。

（1）通畅气道　若触电者呼吸停止，最主要的是始终确保气道通畅，其操作要领如下：

1）清除口中异物　使触电者仰面躺在平硬的地方，迅速解开其领扣、围巾、紧身衣和裤带。如发现触电者口内有食物、假牙、血块等异物，可将其身体及头部同时侧转，迅速用一个手指或两个手指交叉从口角处插入，从口中取出异物，操作中要注意防止将异物推到咽喉深处。

2）采用仰头抬颌法（见图1—7）通畅气道　操作时，救护人员用一只手放在触电者前额，另一只手的手指将其颏颌骨向上抬起，两手协同将头部推向后仰，舌根自然随之抬起，气道即可畅通。气道是否畅通如图 1—8 所示。为使触电者头部后仰，可于其颈部下方垫适量厚度的物品，但严禁用枕头或其他物品垫在触电者头下，因为头部抬高前倾会阻塞气道，还会使施行胸外心脏按压时流向脑部的血量减少，甚至完全消失。

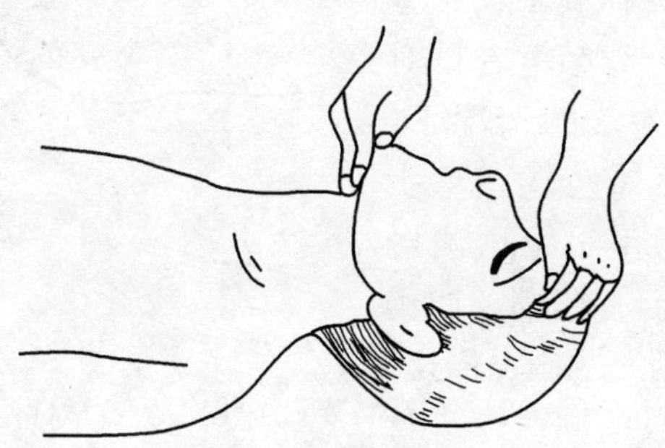

图 1—7　仰头抬颌法

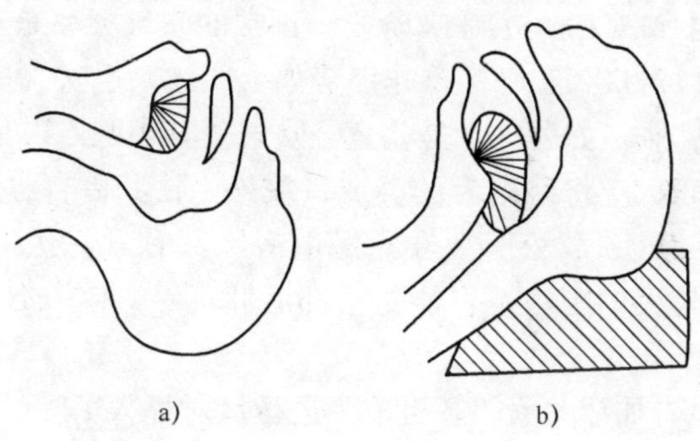

图 1—8　气道状况

a）气道畅通　b）气道阻塞

（2）口对口（鼻）人工呼吸　救护人员在完成气道通畅的操作后，应立即对触电者施行口对口或口对鼻人工呼吸。口对鼻人工呼吸用于触电者嘴巴紧闭的情况。人工呼吸（见图 1—9）的操作要领如下：

1）先大口吹气刺激起搏　救护人员蹲跪在触电者的左侧或右侧；用放在触电者额上的手指捏住其鼻翼，另一只手的食指和中指轻轻托住其下巴；救护人深吸气后，与触电者口对口紧合，在不漏气的情况下，先连续大口吹气两次，每次1～1.5 s；然后用手指试测触电者颈动脉是否有搏动，如仍无搏动，可判断心跳确已停止，在施行人工呼吸的同时应进行胸外心脏按压。

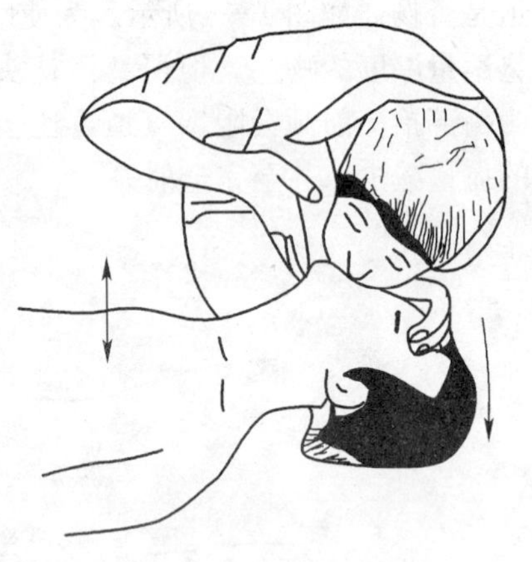

图 1—9　口对口人工呼吸

2）正常口对口人工呼吸　大口吹气两次试测颈动脉搏动后，立即转入正常的口对口人工呼吸阶段。正常的吹气频率是每分钟约 12 次。正常的口对口人工呼吸操作姿势如上所述。但吹气量不需过大，以免引起胃膨胀，如触电者是儿童，吹气量宜小些，以免肺泡破裂。救护人换气时，应将触电者的鼻或口放松，让其借自己胸部的弹性自动吐气。吹气和放松时要注意触电者胸部有无起伏的呼吸动作。吹气时如有较大的阻力，可能是头部后仰不够，应及时纠正，使气道保持畅通。

3）触电者如牙关紧闭，可改为进行口对鼻人工呼吸。吹气时要使触电者嘴唇紧闭，以防止漏气。

（3）胸外心脏按压　胸外心脏按压是借助人力使触电者恢复心脏跳动的急救方法。其有效性在于选择正确的按压位置和采取正确的按压姿势。

1）确定正确按压位置的步骤：

● 右手的食指和中指沿触电者的右侧肋弓下缘向上，找到肋骨和胸骨接合处的中点。

●右手两手指并齐，中指放在切迹中点（剑突底部），食指平放在胸骨下部，另一只手的掌根紧挨食指上缘置于胸骨上，掌根处即为正确的按压位置，如图 1—10 所示。

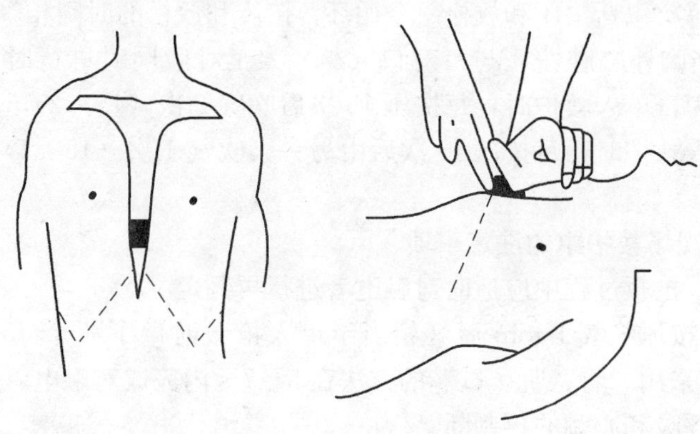

图 1—10　正确的按压位置

2）正确的按压姿势

●使触电者仰面躺在平硬的地方并解开其衣服，仰卧姿势与口对口（鼻）人工呼吸法相同。

●救护人立或跪在触电者一侧肩旁，两肩位于触电者胸骨正上方，两臂伸直，肘关节固定不屈，两手掌相叠，手指翘起，不接触触电者胸壁。

●以髋关节为支点，利用上身的重力，垂直将正常成人胸骨压陷 3～5 cm（儿童和瘦弱者酌减）。

●压至要求程度后，立即全部放松，但救护人的掌根不得离开触电者的胸壁。

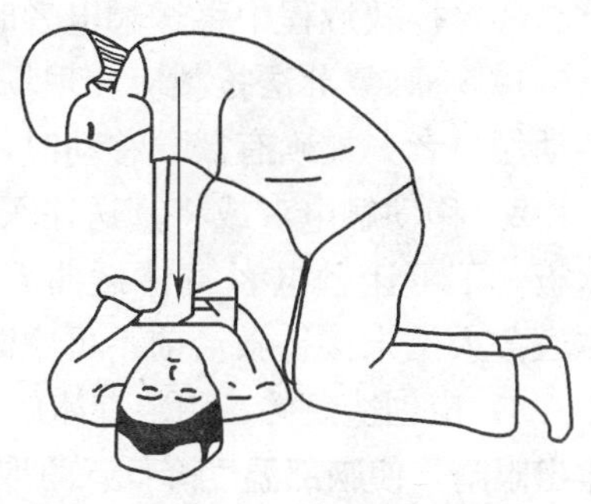

图 1—11　按压姿势与用力方法

接压姿势与用力方法如图 1—11 所示。按压有效的标志是在按压过程中可以触到颈动脉搏动。

3）恰当的按压频率

● 胸外心脏按压要以均匀的速度进行。操作频率以每分钟 80 次为宜，每次包括按压和放松一个循环，按压和放松的时间相等。

● 当胸外心脏按压与口对口（鼻）人工呼吸同时进行时，操作的节奏为：单人救护时，每按压 15 次后吹气 2 次（15∶2），反复进行；双人救护时，每按压 15 次后由另一人吹气 1 次（15∶1），反复进行。

4. 现场救护中的注意事项

（1）抢救过程中应适时对触电者进行再判定

1）按压吹气 1 min 后（相当于单人抢救时做了 4 个 15∶2 循环），应采用“看、听、试”的方法在 5～7 s 内完成对触电者是否恢复自然呼吸和心跳的再判断。

2）若判定触电者已有颈动脉搏动，但仍无呼吸，则可暂停胸外心脏按压，而再进行两次口对口人工呼吸，接着每隔 5 s 吹气一次（相当于每分钟 12 次）。如果脉搏和呼吸仍未能恢复，则继续坚持心肺复苏法抢救。

3）在抢救过程中，要每隔数分钟用“看、听、试”的方法再判定一次触电者的呼吸和脉搏情况，每次判定时间为 5～7 s。在医务人员未前来接替抢救前，现场人员不得放弃现场抢救。

（2）抢救过程中移送触电者时的注意事项

1）心肺复苏法抢救应在现场就地坚持进行，不要图方便而随意移动触电者，如确有需要移动时，抢救中断时间应不超过 30 s。

2）移动触电者或将其送往医院时，应使用担架并在其背部垫以木板，不可让触电者身体蜷曲着进行搬运。移送途中应继续抢救，在医务人员未接替救治前不可中断抢救。

3）应创造条件，用装有冰屑的塑料袋做成帽状包绕在伤员头部，露出眼睛，使脑部温度降低，争取触电者心、肺、脑能得以复苏。

（3）触电者好转后的处理　如触电者的心跳和呼吸经抢救后均

已恢复，可暂停心肺复苏法操作。但心跳、呼吸恢复的早期仍有可能再次骤停，救护人员应严密监护，不可麻痹，要随时准备再次抢救。触电者恢复之初，往往神志不清、精神恍惚或情绪躁动、不安，应设法使他安静下来。

（4）慎用药物　人工呼吸和胸外心脏按压是对触电“假死”者的主要急救措施，任何药物都不可替代。无论是使呼吸中枢兴奋的可拉明、洛贝林等药物，或者是可使心脏复跳的肾上腺素等强心针剂，都不能代替人工呼吸和胸外心脏按压这两种急救办法。必须强调指出的是，对触电者用药或注射针剂，应由有经验的医生诊断确定，慎重使用。例如，肾上腺素有使心脏恢复跳动的作用，但也可使心脏由跳动微弱转为心室颤动，从而导致触电者心跳停止而死亡，这方面的教训是不少的。因此，现场触电抢救中，对使用肾上腺素等药物应持慎重态度。如没有必要的诊断设备条件和足够的把握，不得乱用。而在医院内抢救触电者时，则由医务人员根据医疗仪器设备诊断的结果决定是否采用这类药物进行救治。此外，禁止采取冷水浇淋、猛烈摇晃、大声呼唤或架着触电者跑步等“土”办法刺激触电者的举措，因为人体触电后，心脏会发生颤动，脉搏微弱，血流混乱，如果在这种险象下用上述办法强烈刺激心脏，会使触电者因急性心力衰竭而死亡。

（5）触电者死亡的认定　对于触电后失去知觉，呼吸、心跳停止的触电者，在未经心、肺复苏急救之前，只能视为“假死”。任何在事故现场的人员，一旦发现有人触电，都有责任及时和不间断地进行抢救。“及时”就是要争分夺秒，即医生到来之前不等待，送往医院的途中也不可中止抢救。“不间断”就是要有耐心坚持抢救，有抢救近 5 h 终使触电者复活的实例。因此，抢救时间应持续 6 h 以上，直到救活或医生做出触电者已临床死亡的认定为止。

只有医生才有权认定触电者已死亡，宣布抢救无效，否则就应本着人道精神坚持不懈地运用人工呼吸和胸外心脏按压对触电者进行抢救。

三、关于电伤的处理

电伤是触电引起的人体外部损伤（包括电击引起的摔伤）、电灼伤、电烙伤、皮肤金属化这类组织损伤，需要到医院治疗。但现场也必须预先做处理，以防止细菌感染，损伤扩大。这样，可以减轻触电者的痛苦和便于转送医院。

1. 对于一般性的外伤创面，可用无菌生理盐水或清洁的温开水冲洗后，再用消毒纱布、防腐绷带或干净的布包扎，然后将触电者护送去医院。

2. 如伤口大出血，要立即设法止住。压迫止血法是最迅速的临时止血法，即用手指、手掌或止血橡皮带在出血处供血端将血管压瘪在骨骼上而止血，同时火速送医院处置。如果伤口出血不严重，可用消毒纱布或干净的布料叠几层盖在伤口处压紧止血。

3. 高压触电造成的电弧灼伤往往深达骨骼，处理过程十分复杂。现场救护可用无菌生理盐水或清洁的温开水冲洗，再用酒精全面涂擦，然后用消毒被单或干净的布类包裹好送往医院处理。

4. 对于因触电摔跌而骨折的触电者，应先止血、包扎，然后用木板、竹竿、木棍等物品将骨折肢体临时固定并迅速送往医院处理。

操作训练

须在熟悉安全使用注意事项之后，按以下操作步骤完成操作训练项目。

心肺复苏模拟人操作训练

操作步骤：

步骤①先把模拟人放平，头往后仰 70°～90°，确保气道畅通，正确进行人工吹气两次。

步骤②正确进行单人胸外心脏按压 30 次。

步骤③正确进行单人人工吹气两次。

步骤④重复步骤②和③，共计 5 次。

步骤⑤最后显示器正确按压显示为 150 次，正确吹气显示为 12 次。即单人按程序操作成功，随后有语音提示“操作成功”，自动奏响音乐，颈动脉连续搏动，心脏恢复跳动，瞳孔由原来的散大自动缩小，说明模拟人被救活。

作业项目3　电工基本工具的使用

电气安全用具是保证维修电工能够安全进行电气操作时必不可少的工具。电气安全用具包括绝缘安全用具和一般防护用具。

操作误区

禁忌 1　用普通测电笔测试超过 500 V 的电源电压，并且用手直接接触测电笔的金属部分（见图 1—12）。

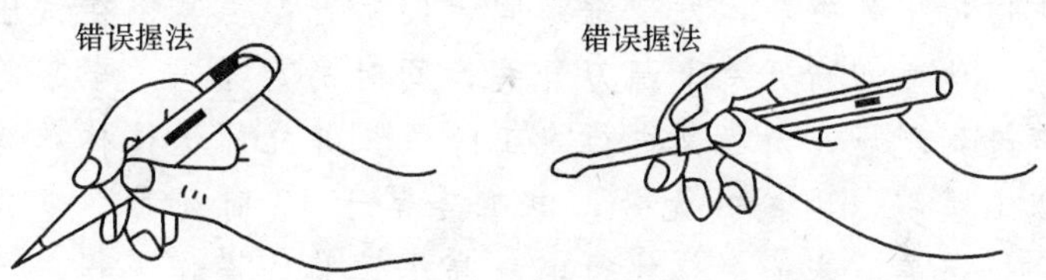

图 1—12　测电笔的错误握法

禁忌 2　用电工刀对多芯导线的绝缘层进行剥削操作。

禁忌 3　在天气潮湿及雨雪天等恶劣的情况下，直接使用高压验电器测试高压电。

血的教训

◆ **事故案例 1**　某日早晨上班后，维修大队电工班班长王某安排高压试验电工姜某（高压试验组组长，男，43 周岁）、张某、刘某为联谊石油化工总厂助剂厂做绝缘工具耐压测试。姜某指导并监护张某操作。上午没有做完，下午上班接着做，到14时20分时，工作完毕，收拾好现场，张某将仪表装箱。姜某发现缺少高压验电器，便自行打电话询问助剂厂高压验电器是怎么回事。当时电气工程师胡某不在，其同事接的电话。随后，姜某同本班李某去林源炼油厂商店买自行车辐条，回来后开始修理自行车。15时30分，胡某到维修大队送高压验电器，一进大门看到门卫值班员，让其将验电器捎到电工班，正想离开时，车工张某经过门卫处，胡某便让张某将验电器捎到电工班。姜某修完自行车后，一个人到维修间做高压验电器耐压试验（班里人都不知道），进行高压升压后，在无人监护的情况下，没有断开控制刀开关便带电进行操作，造成触电。在隔壁电工班休息的人闻到毛发烧焦的味道后出外查看，发现维修间大门敞开，姜某倒在试压仪器旁。他立即断开总电源刀开关，同时高声呼叫。李某等人闻声赶到现场，对姜某进行人工呼吸，并立即送往林源炼油厂职工医院，因抢救无效，电工姜某于17时死亡。事故原因分析：姜某未能严格执行电气高压试验的操作规程，严重违章操作，一人作业，并且没有使用任何防护用具，是导致这起事故发生的主要原因；电工班班长王某同志对班组的安全管理不严不细，安全教育不深入，劳动组织不严密，现场管理混乱，不具备高压试验条件，也是导致事故发生的原因之一；维修大队的领导对安全管理工作不到位，安全检查流于形式，问题整改不及时。

◆ **事故案例2** 2005年7月某日，深圳市某十字路口交通指挥岗亭两名民警到电力管理单位联系处理交通指挥岗亭电源不正常问题，在没有找到负责人的情况下，恰巧遇到了一名熟悉的电工，就要求其帮忙处理。于是这名电工独自一人带着工具和他们一起来到十字路口东北侧南北走向的南一线路16号杆下，在穿戴好登杆用具准备登杆时，电工不顾民警的提醒就向上登杆，等到达线路接头处才系好安全带，开始观察交通指挥岗亭电源线的接头情况，发现右边（西边）接线（即火线）有点松，就解开检查，没有发现问题又重新接上。接着又解左边（东边）接线（即零线），解开后发现接头已烧断，他右手拿着钳子，左手拿着线开始剥线的绝缘层时突然一声大叫，接着钳子、安全帽都掉下来，人身体后仰倒挂在电线杆上。看到这个情况，两名民警立即打电话给110、120及电力调度，要求停电救人。5 min后，抢救人员把他从电线杆上救下并急送医院抢救，但终因伤势过重抢救无效死亡。事故原因分析：电工单独带电工作，且未使用绝缘柄工具、戴手套及采取其他安全措施，违反了《电业安全工作规程》带电作业的有关规定；电工登杆前，不清楚电源的接线情况，因此在拆、接线中，随意拆、接好一相（实际是火线）后，再拆剥另一相（实际是零线）的绝缘层。此时，因交通指挥岗亭内电源刀开关及红绿灯控制开关均没有断开，火线已接好，已人为地使零线带电，当右手触到裸露电线时，电击使人向后仰（安全带系住腰部），造成脑部缺氧，窒息死亡。严重地违反了《电业安全工作规程》；现场人员不知道如何救护，失去了抢救时机。

专家提示

1. 测电笔属于低压电器，有笔式和旋具式两种。当用测电笔测试带电体时，带电体与大地之间的电位差超过60 V，电笔中的氖管将发光。因此，测电笔的测定范围为60～500 V。如果带电体电压低于60 V，用测电笔验电时，氖管可能不发光或发光很弱，这会让操作者误以为带电体不带电，容易造成触电事故。如果带电体电压超过 500 V，在使用测电笔验电时，由于流过电笔、人体到大地的电流过高，会导致操作者直接受到电击，危及生命安全。

2. 测电笔一般由笔尖金属体、电阻、氖管、笔身、弹簧构成。当使用测电笔检测带电体时，虽然电流经过带电体、电阻、氖管和人体流入大地，但电流值较小，不会使操作者发生触电事故。如果手接触笔尖金属部分，则测电笔中的高阻值电阻不再起限流作用，手直接与带电体相接触，会使操作者发生触电事故。因此，测电笔的正确握法是以手指触及笔尾的金属体，让氖管小窗背光朝向自己，如图 1—13 所示。

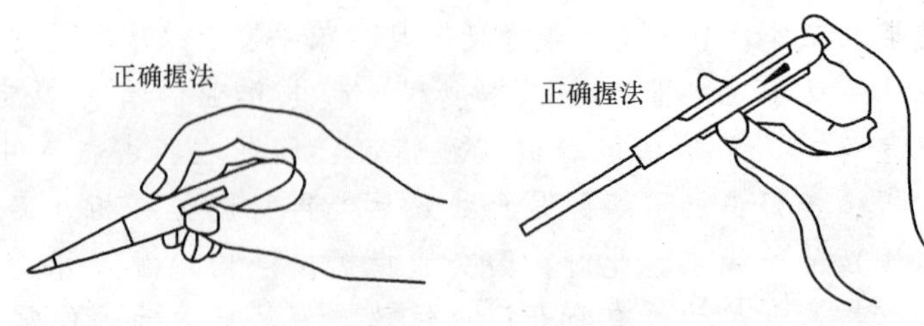

图 1—13　测电笔的正确握法

3. 多芯软导线的芯线匝数很多，每股芯线的截面积又很小。如果使用电工刀进行绝缘层的剥削操作，很容易使部分芯线切断，从而影响导线的载流量，导致导线发热甚至烧毁。同时，导线的强度也因此而降低。

4. 高压验电器又称高压验电器，由金属钩、氖管、氖管窗、紧固螺钉、护环和握柄组成。在使用高压验电器时，应特别注意手握部位不得超过护环；否则会发生触电事故。除此之外，在使用高压验电器前，应仔细检查验电器质量，确认完好无损后方可使用。使用时，应让验电器逐渐靠近被测带电体，直至氖管发亮。在室外使用高压验电器时，必须在气候条件良好的情况下才能使用。在测量操作时必须戴上符合耐压要求的绝缘手套，并且使人体与带电体保持足够的安全距离。

一、绝缘安全用具

绝缘安全用具分为两种：一种是基本绝缘安全用具；另一种是辅助绝缘用具。

1. 基本绝缘安全用具

基本绝缘安全用具是指绝缘强度足以抵抗电气设备运行电压的安全用具。高压设备的基本绝缘安全用具有绝缘棒、绝缘夹钳和高压验电器等。低压设备的基本绝缘安全用具有绝缘手套、装有绝缘柄的工具和低压测电笔等。

（1）绝缘棒　绝缘棒俗称令克棒，一般用电木、胶木、塑料、环氧玻璃布棒或环氧玻璃布管制成。在结构上可分为工作部分、绝缘部分、手握部分和隔离，其结构如图 1—14 所示。

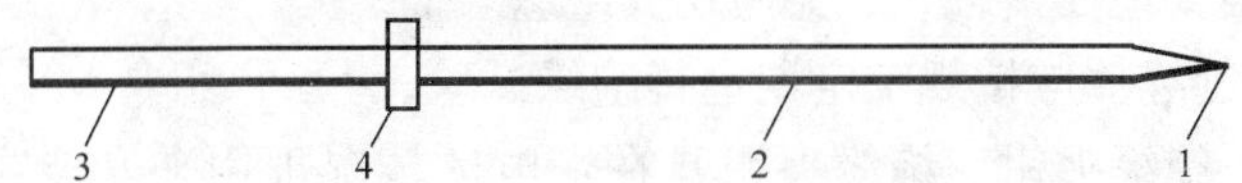

图 1—14　绝缘棒的结构

1—工作部分　2—绝缘部分　3—手握部分　4—隔离环

绝缘棒用以操作高压跌落式熔断器、单极隔离开关、柱上油断路器及装卸临时接地线等，在不同工作电压的线路上使用的绝缘棒的规格与参数见表 1—5。

表 1—5　　　　绝缘棒的规格与参数

规格	棒长		工作部分长度 L_3（mm）	绝缘部分长度 L_2（mm）	手握部分长度 L_1（mm）	棒身直径 D（mm）	钩子宽度 B（mm）	钩子终端直径 d（mm）
	全长 L（mm）	节数						
500 V	1 640	1	185	1 000	455	38	50	13.5
10 kV	2 000	2		1 200	615			
35 kV	3 000	3		1 950	890			

使用中必须注意以下几点：

1）操作前，棒表面应用清洁的干布擦净，使棒表面干燥、清洁。

2）操作时应戴绝缘手套，穿绝缘靴或站在绝缘垫（台）上。

3）操作者的手握部分不得越过隔离环。

4）绝缘棒的型号、规格必须符合规定，且不可任意取用。

5）在下雨、下雪或潮湿的天气，室外使用绝缘棒时，棒上应装有防雨的伞形罩，使绝缘棒的伞下部分保持干燥。没有伞形罩的绝缘棒不宜在上述天气中使用。

6）在使用绝缘棒时要注意防止碰撞，以免损坏表面的绝缘层。绝缘棒应存放在干燥的地方，一般将其放在特制的架子上。绝缘棒不得与墙或地面接触，以免碰伤其绝缘表面。

7）绝缘棒应按规定定期进行绝缘试验。

（2）绝缘夹钳　绝缘夹钳是在带电的情况下用来安装或拆卸高压保险器或执行其他类似工作的工具。在 35 kV 及以下的电力系统中，绝缘夹钳列为基本安全用具之一。但在 35 kV 以上的电力系统中，一般不得使用绝缘夹钳。

绝缘夹钳与绝缘棒一样，也是用电木、胶木或在亚麻仁油中浸煮过的木材制成的。它的结构包括三部分，即工作部分、绝缘部分与手握部分，如图 1—15 所示为 10 kV 绝缘夹钳的结构。

使用时必须注意以下几点：

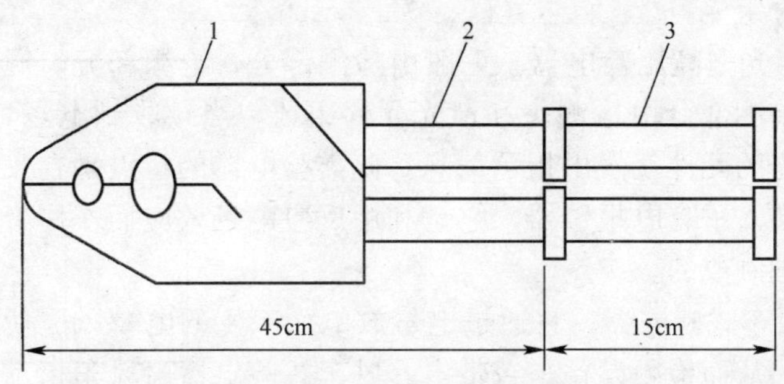

图 1—15　10 kV 绝缘夹钳的结构

1—工作部分　2—绝缘部分　3—手握部分

1）操作前，绝缘夹钳的表面应用清洁的干布擦拭干净，使钳的表面干燥、清洁。

2）操作时，应戴上绝缘手套，穿上绝缘靴及戴上防护眼镜，必须在切断负载的情况下进行操作。

3）在潮湿的天气中，只能使用专门的防雨夹钳。

4）绝缘夹钳必须按规定定期进行试验。

2. 辅助绝缘安全用具

辅助绝缘安全用具是指绝缘强度不足以抵抗电气设备运行电压的安全用具。高压设备的辅助绝缘安全用具有绝缘手套、绝缘鞋、绝缘垫及绝缘台等。低压设备的辅助绝缘安全用具有绝缘台、绝缘垫及绝缘鞋（靴）等。

3. 验电器

为了能直观地确定设备、线路是否带电，使用验电器检测是一种既方便又简单的方法。验电器按电压高低分为高压验电器和低压验电器两种。

（1）高压验电器

1）高压验电器　高压验电器又分为发光型、声光型和风车式三类。

● 发光型高压验电器。一般由指示器部分、绝缘部分、护罩环、手握部分组成。

●声光型高压验电器。一般由检测部分、绝缘部分、握柄部分组成。检测部分由检测头和声光元件组成，当接收到电场信号时，能发声光的元件就发出指示信息。此类验电器的特点是在发光型验电器中装入了有电报警器，它是利用反应电场效应而作用音响器发声的原理制成的。

●风车式验电器。它通过电晕放电而产生的电晕风驱使金属叶片旋转，从而检测设备是否带电。风车式验电器由风车指示器和绝缘操作杆组成。

2）高压验电器使用注意事项　高压验电器是检测 6～35 kV 网络中的配电设备、架空线路及电缆等是否带电的专用工具。使用高压验电器必须注意以下几点：

●使用前应将验电器在确有电源处试测，证明验电器确实良好，方可使用。

●验电器绝缘手柄较短，使用时应特别注意手握部位不得超过隔离环。

●使用时，应逐渐靠近被测物体，直到氖灯亮；只有氖灯不亮时，才可与被测物体直接接触。

●在室外使用验电器时，必须在气候条件良好的情况下使用。在雪、雨、雾及湿度较大的情况下不宜使用。

（2）低压验电器　低压验电器俗称测电笔，其结构与高压验电器大致相同，如图 1—16 所示。

测电笔只能在 380 V 及以下的高压系统和设备上使用，当用测电笔的笔尖接触低压带电设备时，氖灯即发出红光。电压越高，发光越亮；电压越低，发光越暗。因此，从氖灯发光的亮度可判断电压高低。

1）验电器的几种用法

●相线与零线的区别：在交流电路里，当验电器触及导线（或带电体）时，发亮的是相线，正常情况下，零线不发亮。

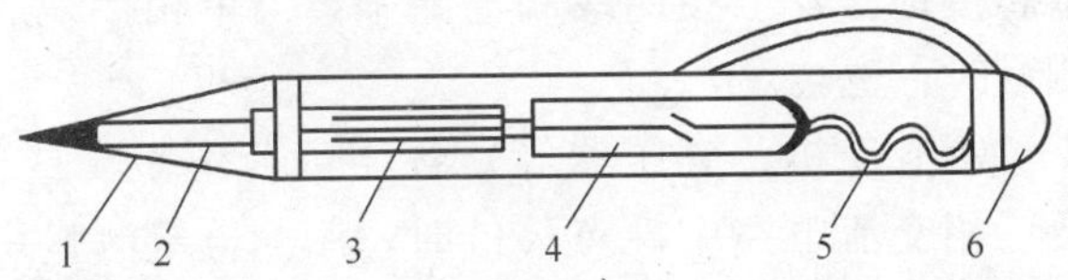

图 1—16　低压验电器的结构

1—胶木笔管　2—金属笔尖　3—高电阻　4—氖灯

5—弹簧　6—金属笔尾

●交流电与直流电的区别：交流电通过测电笔时，氖管里的两个极同时发亮；直流电通过测电笔时，氖管里只有一个极发亮。

●直流电正、负极的区别：把测电笔连接在直流电极上，发亮的一端（氖灯电极）为正极。

●正、负极接地的区别：发电厂和电网的直流系统是对地绝缘的。人站在地上，用测电笔触及系统的正极或负极，氖管是不应该发亮的。如果发亮，说明系统有接地现象。如果亮点在靠近笔尖一端，则正极有接地现象；如果亮点靠近手指的一端，则负极有接地现象。若接地现象微弱，不能达到氖管的起辉电压时，虽有接地现象，氖管仍不会发亮。

●电压高低的区别：一支经常使用的测电笔，可以根据氖管发亮的强弱来估计电压的大约数值。因为在测电笔的使用电压内，电压越高，氖管越亮。

●相线碰壳：用测电笔触及电气设备的外壳（如电动机、变压器外壳等），若氖管发亮，则是相线与壳体相接触（或绝缘不良），说明该设备有漏电现象，如果在壳体上有良好的接地装置，氖管不会发亮。

●相线接地：用测电笔触及三相三线制星形接法的交流电路，有两根比通常稍亮，而另一根暗一些，说明较暗的相线有接地现象，但还不太严重。如果两根很亮，而另一根几乎看不见或不亮，说明这一相有金属接地。在三相四线制电路中，当单相接地后，中性线用测电笔测量时，也会发亮。

●设备（如电动机、变压器等）各相负荷不平衡或内部匝间、相间短路及三相交流电路中性点移位时，用测电笔测量中性点，就会发亮。这说明该设备的各相负荷不平衡，或者内部有匝间或相间短路。上述现象只在故障较为严重时才能反映出来。因为测电笔要在达到一定程度的电压以后才能启辉。

●线路接触不良或不同电气系统互相干扰时，测电笔触及带电体氖灯闪亮，则可能是线头接触不良，也可能是两个不同的电气系统互相干扰。这种闪亮现象在照明灯上能很明显地看出来。

2）组合验电器　组合验电器是由电工常用的部分工具组合而成的，其中包括低压验电器、一字旋具、十字旋具、扁圆锉、圆锥钻及木工扩孔钻等，用一塑料布袋组合而成。其规格与参数见表 1—6。组合验电器具有工具全和携带方便的优点，最适合于电工安装低压线路及维修电器用。

表 1—6　组合验电器的规格与参数

型号	测量电压范围（V）	主要尺寸（mm）			氖管长度（mm）	碳质电阻	
		柄长	接件长	总长		长度（mm）	功率（W）
320	100～1 000	85	110±3	190±3	32±2	10±1	1

4. 电工刀

在使用电工刀（见图 1—17）时，不得带电作业，以免触电。应将刀口朝外剖削，并注意避免伤及手指。剖削导线绝缘层时，

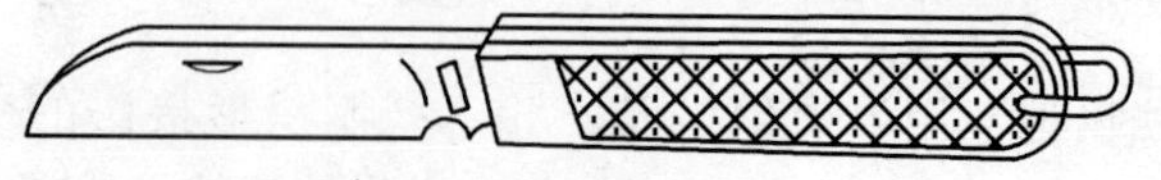

图 1—17　电工刀

应使刀面与导线成较小的锐角，以免割伤导线。使用完毕，随即将刀身折进刀柄。

5. 螺钉旋具

螺钉旋具又称螺丝刀（见图 1—18），当旋具较大时，除拇指、食指和中指要夹住握柄外，手掌还要顶住柄的末端，以防止旋转时滑脱。当旋具较小时，用拇指和中指夹着握柄，同时用食指顶住柄的末端用力转动。当旋具较长时，用右手压紧手柄并转动，同时左手握住旋具的中间部分（不可放在螺钉周围，以免将手划伤），以防止旋具滑脱。

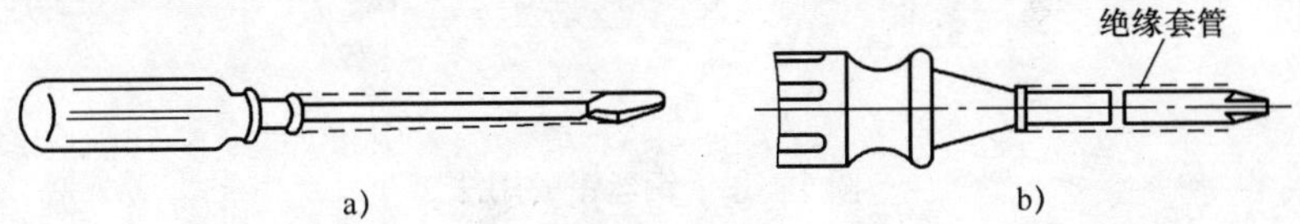

图 1—18　旋具

a）一字形　b）十字形

注意事项

带电作业时，手不可触及旋具的金属杆，以免发生触电事故。作为电工，不应使用金属杆直通握柄顶部的旋具。为防止金属杆触到人体或邻近带电体，金属杆应套上绝缘管。

6. 钢丝钳

在电工作业时，钢丝钳用途广泛。钳口可用来弯绞或钳夹导线线头；齿口可用来紧固或旋松螺母；刀口可用来剪切导线或钳削导线绝缘层；铡口可用来铡切导线线芯、钢丝等较硬的线材。钢丝钳的用法如图 1—19 所示。

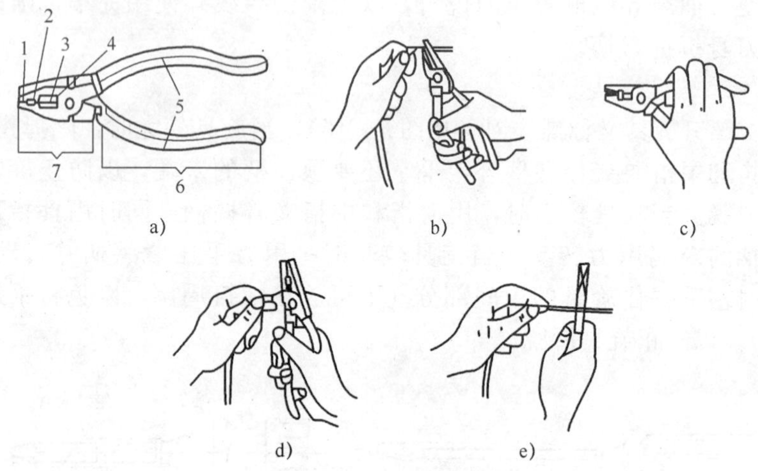

图 1—19 钢丝钳的用法

a）构造 b）弯绞导线 c）紧固螺母 d）剪切导线 e）铡切钢丝

1—钳口 2—齿口 3—刀口 4—铡口 5—绝缘管 6—钳柄 7—钳头

注意事项

使用前，应检查钢丝钳绝缘是否良好，以免带电作业时造成触电事故。在带电剪切导线时，不得用刀口同时剪切不同电位的两根线（如相线与零线、相线与相线等），以免发生短路事故。

7. 尖嘴钳

尖嘴钳（见图 1—20）因其头部尖细，适用于在狭小的工作空间操作。尖嘴钳可用来剪断较细小的导线；可用来夹持较小的螺钉、螺母、垫圈、导线等；也可用来对单股导线进行整形（如矫直、弯曲等）。若使用尖嘴钳带电作业，应检查其绝缘是否良好，并在作业时确保金属部分不触及人体或邻近的带电体。

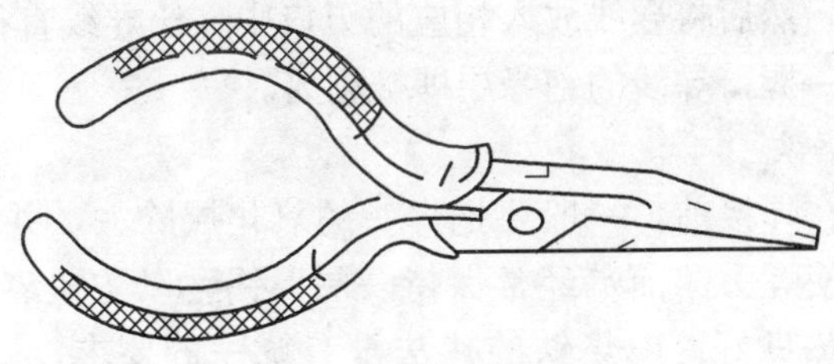

图 1—20　尖嘴钳

8. 斜口钳

斜口钳专用于剪断各种电线、电缆，如图 1—21 所示。对粗细不同、硬度不同的材料，应选用大小合适的斜口钳。

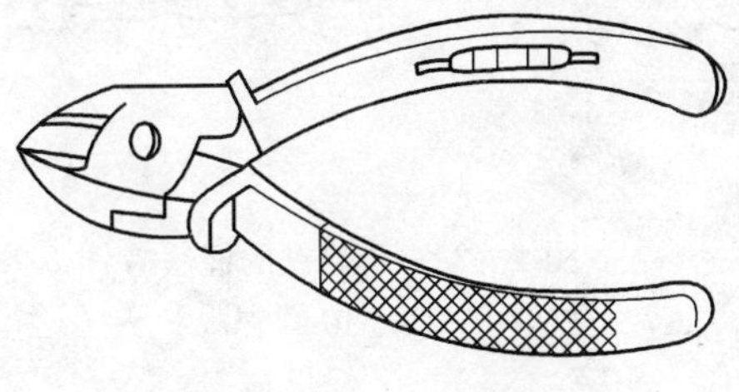

图 1—21　斜口钳

9. 剥线钳

剥线钳是专用于剥削较细小导线绝缘层的工具，其外形如图 1—22 所示。使用剥线钳剥削导线绝缘层时，先将要剥削的绝缘长度

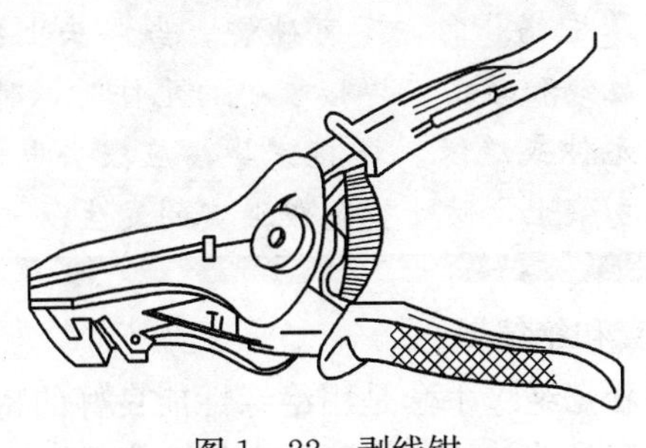

图 1—22　剥线钳

用标尺定好，然后将导线放入相应的刃口中（比导线直径稍大），再用手将钳柄一握，导线的绝缘层即被剥离。

10. 电烙铁

电烙铁在焊接前，一般要把焊头的氧化层除去，并用焊剂进行上锡处理，使焊头的前端经常保持一层薄锡，以防止氧化，减少能耗，确保导热良好。电烙铁的握法没有统一的要求，以不易疲劳、操作方便为原则，一般有笔握法和拳握法两种，如图 1—23 所示。

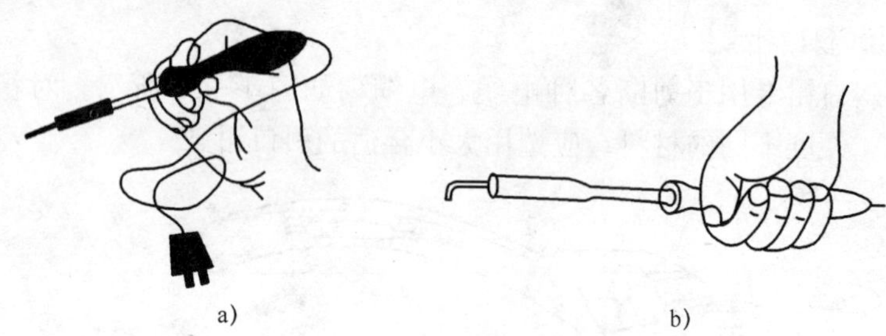

图 1—23　电烙铁的握法

a）笔握法　b）拳握法

注意事项

使用前应检查电源线是否良好，有无被烫伤处。焊接电子类元件（特别是集成块）时，应采用防漏电等安全措施。当焊头因氧化而不“吃锡”时，不可硬烧。当焊头上锡较多不便于焊接时，不可甩锡和敲击。焊接较小的元件时，时间不宜过长，以免因热损坏元件或绝缘。焊接完毕，应拔去电源插头，将电烙铁置于金属支架上，防止烫伤或火灾的发生。

11. 绝缘手套和绝缘靴

（1）绝缘手套　绝缘手套是用绝缘性能良好的特种橡胶制成的，要求薄、柔软，有足够的绝缘强度和力学性能。

绝缘手套可以使人的两手与带电体绝缘，防止人手触及同一电位带电体或同时触及不同电位带电体而触电，在现有的绝缘安全用具中，使用范围最广泛，用量最多。按所用的原料不同，可将绝缘手套分为橡胶绝缘手套和乳胶绝缘手套两类，分别如图 1—24 和图 1—25 所示。

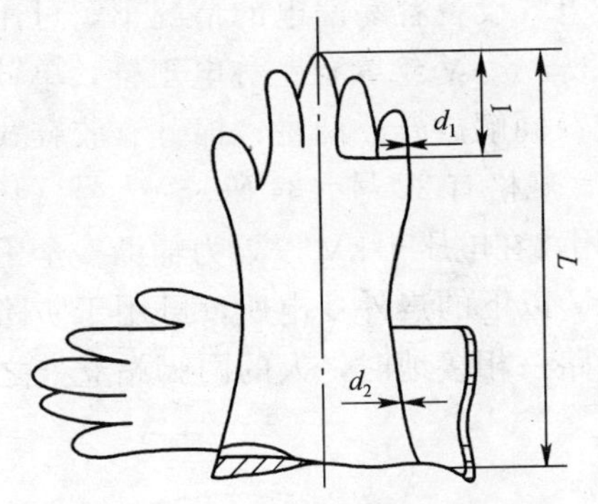

图 1—24　橡胶绝缘手套

L—全长　I—中指长　d_1—手指厚　d_2—筒掌厚

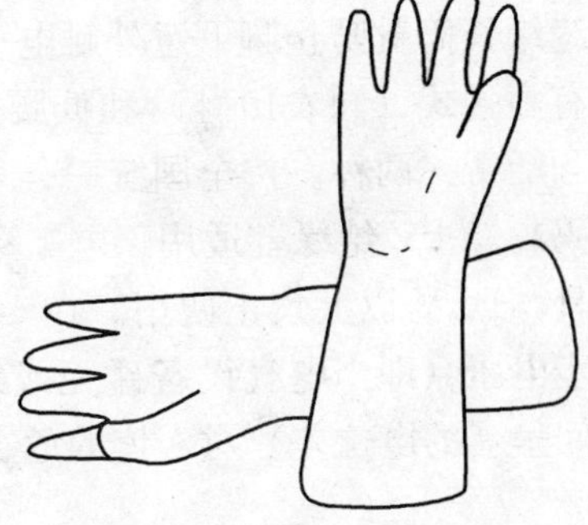

图 1—25　乳胶绝缘手套

绝缘手套的规格有 12 kV 和 5 kV 两种。12 kV 绝缘手套最高试验电压为 12 kV，在 1 kV 以上的高压区作业时，只能用做辅助安全防护用具，不得接触有电设备；在 1 kV 以下电压区作业时，可用做基本安全用具，即戴手套后，两手可以接触 1 kV 以下的有电设备(人身其他部位除外)。5 kV 绝缘手套适用于电力工业、工矿企业和农村中一般低压电气设备。在电压 1 kV 以下的电压区作业时，用做辅助安全用具；在 250 V 以下电压区作业时，可作为基本安全用具；在 1 kV 以上的电压区作业时，严禁使用这种绝缘手套。

(2) 绝缘靴（鞋）　绝缘靴（鞋）的作用是使人体与地面绝缘，防止试验电压范围内的跨步电压触电。绝缘靴（鞋）只能作为辅助安全用具。

绝缘靴（鞋）有 20 kV 绝缘短靴（见图 1—26）、6 kV 矿用长筒靴（见图 1—27）和 5 kV 绝缘鞋。20 kV 绝缘短靴的绝缘性能强，1～220 kV 高压电区可用做辅助安全用具，不能与有电设备接触，对 1 kV 以下电压也不能作为基本安全用具，穿靴后仍不能用手触及带电体。6 kV 矿用长筒靴适用于井下采矿作业，在操作 380 V 及以下电压的电气设备时，可作为辅助安全用具，特别是在低压电缆交错复杂、作业面潮湿或有积水、电气设备容易漏电的情况下，可用绝缘长筒靴防止脚下意外触电事故。5 kV 绝缘鞋也称电工鞋，单鞋有高腰式（同农田鞋）和低腰式（同解放鞋）两种；棉鞋有胶鞋式和活帮式两种。按全国统一鞋号，规格有 22 号（34 码）～28 号（46 码）。5 kV 绝缘鞋适用于电工穿用，在电压 1 kV 以下为辅助安全用具，1 kV 以上禁止使用。在 5 kV 以下的户外变电所，可用于防跨步电压（即当电气设备碰壳或线路一相接地时，人的两脚站立处之间呈现的电位差）对人体的危害。

图 1—26　20 kV 绝缘短靴

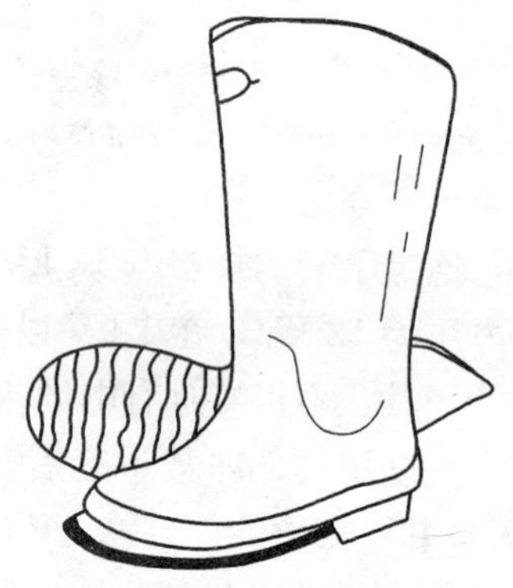

图 1—27　6 kV 矿用长筒靴

各种绝缘靴（鞋）的外观、色泽应与其他防护靴（鞋）或日常生活靴（鞋）有显著的区别，并应在明显处标出“绝缘”和耐压等级（试验电压和使用电压），以利于识别，防止错用。

12. 绝缘垫和绝缘台

（1）绝缘垫　绝缘垫是一种辅助安全用具，一般铺在配电室的地面上，以便在带电操作断路器或隔离开关时增强操作人员的对地绝缘，防止接触电压与跨步电压对人体的伤害。也可铺在低压开关附近的地面上，操作时操作人员站在上面，用以代替使用绝缘手套和绝缘靴。绝缘垫应定期进行绝缘试验。

(2) 绝缘台　绝缘台是一种辅助安全用具，可用来代替绝缘垫或绝缘靴。绝缘台的台面一般用干燥、木纹直而且无节的木板拼成，板间留有一定的缝隙（不大于 2.5 cm），以便于检查绝缘脚（支持绝缘子）是否有短路或损坏，同时也可节省木料，减轻质量。台面尺寸一般不小于 75 cm×75 cm，不大于 150 cm×100 cm。台面用四个绝缘子支持。为了防止在台上操作时颠覆或倾倒，要求台面部分的边缘不应伸出绝缘脚外。绝缘脚的长度不小于 10 cm。

绝缘台可用于室内或室外的一切电气设备。当在室外使用时，应将其放在坚硬的地板上，附近不应有杂草，以防止绝缘子陷入泥中或草中，降低绝缘性能。绝缘台也可用 35 kV 以上的高压支持绝缘子做绝缘脚。这种绝缘台由于具有较高的绝缘水平，雨天需要在室外倒闸操作时用做辅助安全用具，较为可靠。绝缘台的试验电压为 40 kV，加压时间为 2 min。定期试验一般每 3 年进行一次。

二、一般防护用具

一般防护用具包括携带型接地线、隔离板和临时遮栏、安全腰带等。

1. 携带型接地线

当高压设备停电检修或进行其他工作时，为了防止停电设备突然来电和邻近高压带电设备所产生的感应电压对人体的危害，需要用携带型接地线将停电设备已停电的三相电源短路接地，同时将设备上的残余电荷对地放掉。试验证明，接地线对保证人身安全十分重要。现场工作人员常称携带型接地线为“保命线”。

携带型接地线主要由短路各相的导线、接地用的导线及将上述两种导线接到设备停电部分和接地装置上的连接器（也称线卡子）三部分组成。短路各相用的导线采用多股软铜线，其截面积应能满足短路时热稳定的要求，即在较大短路电流通过时，导线不会因产生高热而熔化。为了保证有足够的强度，截面积应不小于 25 mm^2。

携带型接地线的连接器（线卡子或线夹）装上后，要求接触良好，并有足够的夹持力，以防止在短路电流幅值较大时，由于接触不良而熔断，或由于夹持力不够，当受短路电流的电动力作用时发生脱落。携带型接地线有统一编号和固定存放位置。在存放接地线的位置上也要有编号，以便将接地线按照相对应的编号放在固定的位置，即"对号入座"。

为了保证接地线、各连接器与设备的导电部分均接触良好，一般在安装设备时，将设备的导电部分和接地装置的接地干线以及可能装设接地线的地方擦拭干净，并在表面镀一层锡作为标志。

2. 隔离板和临时遮栏

在高压电气设备上进行部分停电工作时，为了防止工作人员走错位置，误入带电间隔或接近带电设备至危险距离，一般采用隔离板、临时遮栏或其他隔离装置进行防护。

隔离板用干燥的木板做成。高度一般不小于 1.8 m，下部边沿离地面不超过 10 cm。板上应有明显的警告标志"止步，高压危险"。隔离板要求轻便，制作牢固、稳定，不易倾倒。隔离板也可做成栅栏形状，既轻便又省料。

在室外进行高压设备部分停电作业时，用线网或绳子拉成遮栏，称为临时遮栏。一般可在停电设备的周围插上铁棍，将线网挂在铁棍上。这种遮栏要求对地距离不小于 1 m。

3. 安全腰带

安全腰带是防止坠落的安全用具。用皮革、帆布或化纤材料制成。安全腰带由大小两根带子组成，小的系在腰部偏下做束紧用，大的系在电杆或其他牢固的构件上，安全腰带一根的拉力一般应不低于 2 250 N。不允许用一般绳带代替安全腰带。

三、安全用具的检验与存放

1. 日常检查

使用安全用具前应检查表面是否清洁，有无裂纹、钻印、划痕、毛刺、孔洞、断裂等外伤。

2. 定期检查

定期检查除包括日常检查的内容外，还要定期进行耐压试验和泄漏电流试验，检查内容、试验标准和试验周期可参考表1—7。

表1—7　　安全用具的检查内容试验标准和试验周期

名称	电压（kV）	试验标准			试验周期	检查内容
		耐压试验电压（kV）	耐压持续时间（min）	泄漏电流（mA）		
绝缘杆和绝缘夹钳	35及以下	线电压的3倍，但不得低于40	5		1年	强度，绝缘子有无裂纹，涂层表面有无损伤。每3个月检查一次。检查时擦净表面
绝缘手套	各种电压	8～12	1	9～12	6～12个月	每次使用前检查，3个月擦一次
绝缘靴	各种电压	15～20	1～2	7.5～10	6个月	每次使用前检查。户外用的，用后除污；户内用的，3个月擦一次
绝缘鞋	1及以下	3.5	1	2	6个月	每次使用前检查。户外用的，用后擦污；户内用的，3个月擦一次
绝缘毯和绝缘垫	1及以下	5	以2～3 cm/s的速度拉过	5	2年	有无破洞、裂纹，表面有无损坏，擦洗干净，每3个月擦一次
	1以上	15		115		

续表

名称		电压（kV）	试验标准			试验周期	检查内容
			耐压试验电压（kV）	耐压持续时间（min）	泄漏电流（mA）		
绝缘台		各种电压	40	2		3 年	台面、台脚有无损坏，擦洗干净。每 3 个月一次
高压验电器	本体	35 及以下	20～25	1		6 个月	有无裂纹，指示元件是否失灵，每次使用前应检验是否良好
	握手	10 及以下	40	5		6 个月	
		35 及以下	105				

对新的安全用具，应取表中较大的数值，使用中的安全用具，可取表中较小的数值。

3. 存放

安全用具使用完毕应存放于干燥通风处，并符合下列要求：

（1）绝缘杆应悬挂或架在支架上，不应与墙壁接触。

（2）绝缘手套应存放在密闭的橱内，并与其他工具、仪表分别存放。

（3）绝缘靴应放在橱内，不应代替一般套鞋使用。

（4）绝缘垫和绝缘台应经常保持清洁、无损伤。

（5）高压验电器应存放在防潮的匣内，并存放在干燥处。

（6）安全用具和防护用具不允许当其他工具使用。

四、安全标志

1. 安全色

安全色是表达安全信息含义的颜色，用于表示禁止、警告、指令、提示等。国家规定的安全色有红、蓝、黄、绿四种颜色。红色表示禁止、停止；蓝色表示指令、必须遵守的规定；黄色表示警告、注意；绿色表示指示、安全状态、通行。为使安全色更加醒目的反衬色叫做对比色。国家规定的对比色是黑、白两种颜色。

安全色与其对应的对比色分别是红—白、黄—黑、蓝—白、绿—白。

黑色用于安全标志的文字、图形符号和警告标志的几何图形。白色作为安全标志红、蓝、绿色的背景色，也可用于安全标志的文字和图形符号。

在电器上用黄、绿、红三色分别代表 L1、L2、L3 三个相序；涂成红色的电器外壳表示其外壳有电；灰色的电器外壳表示其外壳接地或接零；线路上黑色代表工作零线；明敷接地的扁钢或圆钢涂黑色。用黄绿双色绝缘导线代表保护零线。直流电中红色代表正极，蓝色代表负极，信号和警告回路涂白色。

2. 安全标志

安全标志是提醒人们注意或按标志上注明的要求去执行，保障人身和设施安全的重要措施。安全标志一般设置在光线充足、醒目、稍高于视线的地方。对于隐蔽工程（如埋地电缆等），在地面上要有标志桩或依靠永久性建筑挂标志牌，并注明工程位置。对于容易被人忽视的电气部位，如封闭的架线槽、设备上的电气盒，要用红漆画上电气箭头。另外，在电气工作中还常用标志牌，以提醒工作人员不得接近带电部分、不得随意改变刀开关的位置等。移动使用的标志牌要用硬质绝缘材料制成，上面有明显标志，均应根据规定使用。标志牌的有关资料见表 1—8。

表 1—8　　标志牌的资料

名称	悬挂位置	尺寸（mm）	底色	字色
禁止合闸，有人工作	一经合闸即可送电到施工设备的开关和刀开关操作手柄上	200×100 80×50	白底	红字
禁止合闸线路，有人工作	一经合闸即可送电到施工设备的开关和刀开关操作手柄上	200×100 80×50	红底	白字

续表

名称	悬挂位置	尺寸（mm）	底色	字色
在此工作	室内和室外工作点或施工设备上	250×250	绿底，中间有直径为 210 mm 的白圆圈	黑字，位于白圆圈中
止步，高压危险	工作地点邻近带电设备的遮栏上；室外工作地点附近带电设备的构架横梁上；禁止通行的过道上；高压试验地点	250×200	白底红边	黑字，有红色箭头
在此上下	工作人员上下的铁架梯子上	250×250	绿底，中间有直径为 210 mm 的白圆圈	黑字，位于白圆圈中
禁止攀登，高压危险	工作地点邻近可能上下的铁架上	250×200	白底红边	黑字
已接地	看不到接地线的工作设备上	200×100	绿底	黑字

操作训练

1. 在木盘上进行拉线开关、平地灯座、插座的安装和拆除。

2. 用钢丝钳或电工刀，针对不同的常用导线，采取不同的剥削方法。

作业项目4　照明线路的安装与维修

电气照明是工厂供电的一个重要组成部分，良好的照明是保证安全生产、提高劳动生产率和保护工作人员视力健康的必要条件。照明设备的不正常运行可能导致人身伤亡事故或火灾。为此，必须保证照明设备的安全运行。

操作误区

禁忌1　导线在穿线管及木槽板内铺设时，当导线长度不够时，直接在穿线管及木槽板内进行导线的连接。

禁忌2　在施工中，为了省事直接将塑料绝缘导线埋置在水泥或石灰粉层内作为暗线敷设。

禁忌3　在同一根铁管内敷设线路时，一根铁管内只敷设一根导线。

禁忌4　高压氖灯在电源电压变化较大的场合使用；并且使用荧光灯进行紧急照明。

血的教训

◆**事故案例**　2002年9月11日，因台风下雨，某工程人工挖孔桩施工停工，天晴雨停后，工人们返回工作岗位进行作业，约15时30分，又下一阵雨，大部分工人停止作业返回宿舍，25号和7号桩孔因地质情况特殊需继续施工（25号桩由江某、徐某两人负责），此时，配电箱进线端电线因无穿管保护，被配电箱进口处割破绝缘，造成电线漏电，使配电箱外壳、PE线、提升机械以及钢丝绳、吊桶带电，江某触及带电的吊桶遭电击，经抢救无效死亡。

事故原因分析：

直接原因：

1. 电源线进配电箱处无套管保护，金属箱体电线进口处也未设保护套，使电线磨损破皮。

2. 重复接地装置设置不符合要求，接地电阻未达到规范要求。

3. 电气开关的选用不合理、不匹配，漏电保护装置参数选择偏大、不匹配。

间接原因：

1. 现场用电系统的设置未按施工组织设计的要求进行。

2. 现场施工用电管理不健全，用电档案建立不健全。

1. 在潮湿水多及多油的地方进行绝缘恢复时，应采取自下向上的缠绕方法，让上面的一层把下面的一层包缝包住，则由上面落下的水和油就不会进入绝缘层。

2. 导线的接头或焊点放在管内或槽板内时，时间久了可能会接触不良，引起过热甚至火灾。

3. 塑料绝缘导线用久后塑料会发生老化龟裂，使绝缘水平降低。当线路发生短时过载或短路时，更会加速绝缘损坏。如果将塑料绝缘导线直接埋置在水泥或石灰粉层内，一旦粉层受潮就会引起大面积漏电，危及人身安全。此外，直接埋置也不利于线路的检修和保养。

4. 在同一根铁管内只敷设一根导线时，当有电流流过导线时，就会在铁管的管壁中引起磁通，相当于增加了电路的电感。铁管中的损耗不止浪费电力，而且使铁管发热，增加导线散热的困难，减小了导线的载流量。因此，只有将直流或单相的一对或三相的三根（有时连同中性线共四根）导线合装在同一铁管内才能避免。

5. 高压氖灯的管压降、功率及光通量随电源电压的变化而引起的变化比其他气体放电灯大。当电源电压上升时，由于管压降的增大，容易引起灯的自熄；相反，电源电压降低时，光通量减小，光色变差。因此，高压氖灯只适用于电源电压变化不大于±5%的场合，并要具备良好的散热条件。

6. 荧光灯具有下列缺点：在电压低时不能启辉；周围温度低时不易启辉；附属设备较多，比白炽灯容易发生故障；荧光灯无热惰性，光通量摆动幅度比白炽灯大，破坏了对移动物体的正常视觉。因此，配电盘等照明不宜采用荧光灯。

相关知识

一、照明的方式与种类

1. 照明方式

（1）一般照明　一般照明是指在整个场所或场所的某部分照度基本上相同的照明。对于工作位置密度很大而对光照方向又无特殊要求，或工艺上不适宜装设局部照明设施的场所，宜单独使用一般照明。它的优点是在工作表面和整个视野范围内具有较佳的亮度对比；可采用较大功率的灯泡，因而光效较高；照明装置数量少，投资费用较低。

（2）局部照明　局部照明是指局限于工作部位的固定的或移动的照明，对于局部地点需要高照度并对照射方向有要求时，宜采用局部照明。

（3）混合照明　混合照明是指由一般照明与局部照明共同组成的照明。对于工作部位需要较高照度并对照射方向有特殊要求的场所，宜采用混合照明。混合照明的优点是可以在工作平面、垂直和倾斜表面上，甚至工件内部，获得高度的照明，易于改善光色，减少装置功率，节约运行费用。

2. 照明种类

（1）工作照明　工作照明是指用来保证在照明场所正常工作时所需的照度，适合视力条件的照明。

（2）事故照明　事故照明是指当工作照明由于电气事故而熄灭后，为了继续工作或从房间内疏散人员而设置的照明。

由于工作中断或误操作会引起爆炸、火灾、人身伤亡等严重事故或生产秩序长期混乱的场所应有事故照明，如大型的总降变电所，其照明应不小于这些地点规定照度的10%。

二、照明光源的选择与接线

选择照明光源应考虑到各种光源的优缺点、使用场所、额定电压以及照度的需要等方面。

为了便于比较，现将常用的几种光源列表说明其优缺点及适用场所，供选用时参考。常用光源的功率、发光效率及平均寿命见表1—9。

表1—9　　常用光源的功率、发光效率及平均寿命

光源名称	功率范围（W）	发光效率（1 m/W）	平均寿命（h）
白炽灯	15～1 000	7～16	1 000
碘钨灯	50～2 000	19～21	1 500
荧光灯	20～100	40～60	3 000
高压水银灯（镇流器式）	50～1 000	35～50	5 000
高压水银灯（自镇流式）	50～1 000	22～30	3 000
氙灯	1 500～20 000	20～37	1 000
钠铊铟灯	400～1 000	60～80	2 000

三、导线截面的选择

1. 允许最大电压损失

照明线路最大允许电压损失百分数，自变压器低压侧，至最远的一盏灯的电压，应不低于额定电压的97.5%，即允许电压损失为2.5%。

2. 考虑导线强度，须按允许的最小截面选择

如照明用灯头线，室内民用建筑铜芯软线和铜线的最小线芯截

面积分别为 0.4 mm^2 和 0.5 mm^2。室内工业建筑则为 0.5 mm^2 和 0.8 mm^2。

四、照明设备的安装

照明线路即对照明灯具等用电设备供电和进行控制的线路。供电电源电压一般为单相 220 V 二线制，负荷大时，用 220/380 V 三相四线制。

1. 照明线路的安装

（1）照明线路的一般技术要求　照明线路的各种布线方式均应满足使用、安全、合理、可靠的要求。

1）室内、室外配线应采用电压不低于 500 V 的绝缘导线。单相或二相三线供电时，零线与相线截面相同；三相四线供电的零线截面应不小于相线截面的 1/2。

2）一般照明每一支路的最大负荷电流应不超过 15 A，插座数一般不超过 20 个；电热线每一支路的最大负荷电流应不超过 30 A，装接插座数一般不超过 6 个。

3）布线过程中应尽量减少导线间的连接，以减少故障点。凡在管内、木槽板内的导线，一律不准有接头。导线连接和分支处不应受到机械力的作用。

4）线路应尽可能避开热源和不在发热的表面敷设。

5）导线与电器端子的连接要紧密压实，力求减小接触电阻和防止脱落。

6）各种明配线的位置应便于检查和维修。线路水平敷设时，距离地面高度应不低于 2.5 m，垂直敷设时应不低于 1.8 m。个别线段水平敷设低于 2.5 m，垂直敷设低于 1.8 m 时，应穿管或采取其他保护措施。

7）每个分支路导线间及对地的绝缘电阻值应不小于 0.5 MΩ，小于 0.5 MΩ 时，应做交流 1 000 V 耐压试验。

8）下列场所应采用金属管配线

● 重要活动场所。

● 有易燃、易爆危险的场所。

● 重要仓库。

9）腐蚀性场所配线应采用全塑制品，所有接头处应密封。

10）冷藏库配线宜采用护套线明配，采用的照明电压应不超过 36 V，所有控制设备设在库外。

11）下列场所的室内、室外配线应采用铜线

● 重要活动场所。

● 重要控制回路及二次线。

● 移动用的导线。

● 特别潮湿场所和有严重腐蚀性场所。

● 与剧烈震动的用电设备相连的线路。

● 有特殊规定的其他场所。

（2）安装照明设备应注意的事项

1）一般照明应采用不超过 250 V 的对地电压。

2）厂房的照明灯距地面高度不得低于 2.5 m，低于此高度时应加以保护。同时，除了安全电压外，不得使用带开关的灯口，并且不准将电线直接焊在灯泡的接点上，使用螺口灯头时，铜口不得外露。

3）行灯及机床工作台使用的局部照明灯的电压不得超过 42 V，在特别潮湿的地点或在金属容器内工作时，其电压不得大于 12 V。

4）在易燃、易爆、多尘、潮湿以及产生腐蚀性气体的场所使用的照明装置，应符合其特殊的要求。

5）照明灯须用安全电压时，应采用一次、二次绕组分开的变压器，不许用自耦变压器。

6）行灯必须带有绝缘手柄及保护网罩，禁止采用一般灯口，手柄处的导线应加绝缘套管保护。

7）各种照明灯，根据工作需要应有一定形式的聚光设备，不得用纸片、铁片等代替，更不准用金属丝在灯口处捆绑。

8）安装户外照明灯时，如其高度低于 3 m 时，应加保护装置，同时应尽量防止风吹而引起摇动。

（3）照明线路的敷设方式

常用的线路敷设方式包括用瓷夹板、瓷珠、绝缘子、木槽板、钢管、塑料管和铝片卡等布线。

选用哪种方式布线，应根据线路的用途、布线场所的环境条件、安装与维修条件以及安全要求等因素而定。做到安全适用、经济美观和便于检修。

1）瓷夹板布线　用于负荷较小的干燥场所，如办公室、住宅等。

2）瓷珠布线　用于负荷较大的干燥或较潮湿场所，如公共场所、生产车间、厨房等。

3）绝缘子布线　用于负荷较大、线路较长的干燥或潮湿场所，如生产厂房、浴室、洗衣房等。

4）木槽板布线　用于负荷较小、要求美观整洁的干燥场所。此外，还常用短段木槽板作为瓷夹板线路沿墙垂直敷设时的保护装置。

5）钢管布线　用于容易损伤导线、发生火灾或有爆炸危险的场所。钢管暗配用于要求洁净和美观的场所，地面用电设备的线路也常使用钢管线路埋设在地面下。

6）塑料管布线　用于有腐蚀性但没有爆炸及机械损伤的场所，如化工车间等。

7）铝片卡布线　用于负荷较小的干燥、无腐蚀性气体的场所，一般常用做弱电线路的布线，当线路电压为 220 V 和 380 V 时，必须使用带护套的绝缘导线。

（4）照明线路敷设方式的要求

1）瓷夹板布线的敷设要求

● 导线与建筑物敷设应横平竖直，不得与建筑物接触。线路水平敷设时，导线距地高度一般不低于 2.5 m；垂直敷设的线路，如距地面高度低于 1.8 m 的线段，应加防护装置。

● 在线路中接装的开关、灯座和吊线盒等电气器具两侧各 50 mm 以内应安装夹板，以固定导线。

● 瓷夹板不能拧在不坚固的底子上，如抹灰、苇箔等。

● 瓷夹板不得在顶棚内及其他隐蔽处敷设。

● 直线段瓷夹板的间距与瓷夹板的规格有关：40 mm 长两线式和 64 mm 长三线式的瓷夹板间距不得大于 600 mm；51 mm 长两线式和 76 mm 长三线式的瓷夹板间距不得大于 800 mm。

● 导线穿墙时必须用瓷管（或其他绝缘管）加以保护，在线路分支、交叉和转角处，导线不应受机械力的作用，并且应加装瓷夹板，导线与导线间应套绝缘管隔离。

2）瓷珠布线的敷设要求

● 导线要横平竖直，不得与建筑物接触。线路水平敷设时，导线距地高度不得低于 2.5 m；垂直敷设的线路，在距地低于 1.8 m 的线段应加防护装置。

● 根据导线截面的大小配用相应的瓷珠和绑线。

● 导线须用纱包铁芯绑线（不得用裸铅丝）牢固地绑在瓷珠上。受力瓷珠用双绑法；加挡瓷珠用单绑法；终端瓷珠把导线绑回头，导线应绑在瓷珠的同侧。

● 线路的分支、交叉和转角处，导线与导线之间应加装瓷套管或其他绝缘管隔离。

● 线路中接装的开关、插座和灯具附近约 100 mm 处都应安装瓷珠，以固定导线。

● 拧瓷珠的位置，若是砖墙或混凝土底子，应预留木砖；若是抹灰吊顶，应加木龙骨。线路在穿墙处须打好过墙眼、下套管或在彻墙时预留套管。

● 用瓷珠暗布线时，线路应便于检修和更换。

3）绝缘子布线的敷设要求

● 导线要敷设整齐，且不得与建筑物接触（内侧导线距墙一般为 10～15 mm）。线路一般均为水平敷设，导线距地高度应不低于

3 m。

●从导线至接地物体之间的距离不得小于 30 mm。

●绝缘子上敷设的绝缘导线，铜芯线截面不得小于 1.5 mm^2，铝芯线不得小于 2.5 mm^2。

●导线必须用纱包铁芯绑线牢固地绑在绝缘子上。导线水平敷设绑扎在绝缘子靠墙侧顶槽内；导线垂直敷设绑扎在绝缘子上面顶槽内；线路在转角地方导线应绑扎在张力的反侧；终端绝缘子采用“回头绑扎法”。

●绝缘子应牢固地安装在支架和建筑物上。如固定在木结构上，可将直脚螺钉直接旋入；如固定在金属结构上，可先打孔用铁担直脚绝缘子穿孔固定。

●导线由绝缘子线路引下对用电设备供电时，一般均采用塑料管或钢管明配，导线如需连接，应在绝缘子附近进行。

4）木槽板布线的敷设要求

●木槽板需用干燥木材制成，槽内应涂刷绝缘油，与建筑物接触的底面要涂防腐油，槽板的外表面应刷带色的涂料。

●应使用耐压 500 V 的绝缘导线，其截面不得超过 4 mm^2。

●每个线槽内只能敷设一根导线。槽内所装导线不准有接头，如必须接头时，要用接线盒扣在槽板上。

●木槽板要装设得横平竖直，整齐美观，固定牢靠，并按建筑物的形态弯曲和贴近。

●木槽板的直线连接处，底与盖的接口不能在一起，要错开 30 mm，接头处做成斜口，在“丁”字和转角的连接处成 45°角接合，终端要封口。

●木槽板与开关、插座与灯具所用的木台相连接时，要用空心木台，先把木台边挖一豁口，然后扣在木槽板上。

●木槽板可用木螺钉或钉子固定在木结构或天花板上，如沿砖或混凝土墙上固定时，可先将木楔固定在墙上，然后再把木槽板钉在木楔上。

木槽板的固定要求：

底板固定距离：端部 30 mm；中间 600 mm。

盖板固定距离：端部 60 mm；中间 450 mm。

5）钢管布线的敷设要求

● 钢管及其附件应能防腐，明敷设时涂防腐漆，暗敷设时用混凝土保护。

● 钢管之间的连接处与接线盒之间均须连接成一个导电整体焊接地线，即用直径为 4 mm 的镀锌铁线电焊焊接或用两根直径为 2 mm 的镀锌铁线在每根钢管上缠 5 圈后锡焊焊接。

● 钢管的内径要圆滑，无堵塞、无漏洞，其接头须紧密。

● 钢管弯曲处的弯曲半径不得小于该管直径的 6 倍；埋入混凝土中的暗敷设为 10 倍；每个弯曲处角度不能小于 90°。当管线经过建筑物伸缩缝时，为防止基础下沉不均匀而损坏管子和导线，须在伸缩缝处装设补偿盒。

● 管内所穿导线（包括导线的绝缘层）的总截面积应不大于线管内径截面积的 40%；管内导线不准有接头和扭拧现象，以便于检查和换线。

● 钢管暗敷设埋入钢筋混凝土板内时，钢管直径不得超过混凝土板厚的 1/3；埋入焦渣垫层内，应在钢管敷设完毕、地线焊好后，先用水泥砂浆保护好，再铺焦渣层；埋入地下土层内必须使用厚壁钢管，管外壁及焊接地线处需刷沥青防腐。

● 导线穿管，同一回路的各相导线，不论根数多少，应穿入一根管内；不同回路和不同电压的线路导线不允许穿在一根管内；交流和直流线路导线不得穿在同一根管内，一根相线导线不准单独穿入钢管。

● 钢管在墙上的固定，当钢管直径在 20 mm 以下时，管卡与管卡之间的距离应不大于 1.5 m；钢管直径在 40 mm 以下时，管卡之间的距离应不大于 2.5 m；管径超过 40 mm 时，管卡间的距离可增大到 3.5 m。

● 钢管连成一体后，应接地或接零。

● 钢管敷设超过下列长度时，其中间应装设分线盒或接线盒：

◆ 管子全长超过 30 m 且无弯曲时。

◆ 管子全长超过 20 m 而有一个弯曲时。

◆ 管子全长超过 12 m 而有两个弯曲时。

◆ 管子全长超过 8 m 而有三个弯曲时。

6）塑料管布线的敷设要求

● 塑料管布线基本上与钢管布线相同。所用的附件也应是塑料制品，又因塑料管强度较低，埋入墙内时应用水泥沙浆做保护，在地下时应用混凝土保护。

● 塑料管的连接可采用承插法。承插法是先将一根塑料管的端头用炉火烘烤加热软化（注意不要离炉火太近，以免烧焦管子），然后把另一根塑料管插入约 30 mm 即可。

● 塑料管弯曲时，可在炉火上烘烤加热，软化后慢慢弯曲，若管径较大时可在管内先填充加热过的沙子，然后加热塑料管进行弯曲，弯曲半径不得小于管径的 6 倍，弯曲处管子不要被弯扁，以免影响导线的穿过。

● 当塑料管沿墙明敷设时，其固定点之间，管径在 20 mm 以下时，管卡间距应不大于 1 m；管径在 40 mm 以下时，不得大于 1.5 m；管径在 50 mm 及以上时，可增大到 2 m。

7）铝片卡布线的敷设要求

● 导线要横平竖直，并且与建筑物贴平。

● 供电电压为 220 V 或 380 V 的线路，水平敷设时距地高度一般应不低于 2.5 m；垂直敷设时应不低于 1.8 m，低于 1.8 m 的线段应加防护装置（如塑料管等）。

● 线路穿墙时应装设套管保护。

● 220 V 和 380 V 线路的接头应在铝制的接线盒内进行。

● 铝片卡的间距一般不得大于 300 mm。开关、插座、灯具或接线盒等处都应钉一只铝片卡；同时，开关、插座、灯具和接线盒等处均应留出线头，以便于连接。

2. 照明线路的运行及维护

照明线路在投入运行前，应认真检查验收，并建立设备技术管理档案，标明规范及负荷名称，在运行维护后及时填写有关检查项目，如负荷情况、绝缘情况、存在缺陷等，以便于经常掌握线路的运行情况。对顶棚内的照明线路每年应巡视检查及维修一次；线路停电时间超过一个月以上重新送电前，应进行巡视检查，并测绝缘电阻。照明线路巡视检查的内容包括以下几点：

(1) 检查导线与建筑物等是否有摩擦和相蹭之处，绝缘是否破损，绝缘支持物有无脱落。

(2) 车间裸导线各相的弛度和线间距离是否相同，裸导线的防护网（板）与裸导线的距离是否符合要求，必要时应调整导线间和导线与地面的距离。

(3) 明敷设电线管及木槽板等是否有开裂、砸伤处，钢管的接地是否良好。检查绝缘子、瓷珠、导线横担、金属槽板的支撑状态，必要时予以修理。

(4) 钢管和塑料管的防水弯头有无脱落或导线蹭管口的现象。

(5) 地面下敷设的塑料管线路上方有无重物积压或冲撞。

(6) 导线是否有长期过负荷现象，导线的各连接点接触是否良好，有无过热现象。

(7) 应经常检查零线回路各连接点的接触情况是否良好，有无腐蚀或脱开现象。

(8) 线路上是否接用不合格或不允许的其他电气设备，有无私拉乱接的临时线路。

(9) 测量线路绝缘电阻，在潮湿车间，有腐蚀性蒸气、气体的房屋，每年测两次以上，每伏工作电压的绝缘电阻值不得低于 500 Ω；干燥车间，每年测一次，每伏工作电压绝缘电阻值不得低于 1 000 Ω。

(10) 检查各种标志牌和警告牌是否齐全，检查熔断器等是否合适和完整。

操作训练

根据下列要求安装照明线路：

(1) 照明线路电源控制保护与计量线路的安装。

(2) 一控一灯线路与插座的安装。

(3) 二控一灯线路的安装。

(4) 日光灯线路的安装。

工作领域二

常用电工仪表的使用

作业项目7　万　用　表

操作误区

禁忌1　在使用万用表时，接线柱有多个，将“+”“−”“*”“2 500 V”“5 A”等接线柱选错。

禁忌2　在使用万用表排除线路故障时，不根据测量对象选择万用表的测量挡位，如用电阻挡位去测量电压等；并且在测量电压或电流的过程中，直接切换万用表的量程挡位。

禁忌3　使用万用表排除线路故障后，没有及时将万用表置于交流电压的最高挡或空挡。

血的教训

◆ **事故案例1**　某日上午，李某带维修电工邓某和刘某到某厂的高频室检修高频感应加热设备。该厂的电工彭某、张某也进入高频室，李某、刘某未加制止，也未做任何交代。李某进行常规检查后，先后两次组织对变压器做二次侧空载测量，未能找出故障所在，便怀疑检测所用的万用表有问题，便又从仪表室借来一块新万用表继续测试。李某与邓某及该厂的电工彭、张二人挤在高频控制屏后面观察万用表，刘某负责在高频控制屏前操作。带载测试后，刘某问李某："怎么样?"李某回答："差不多了，没有变化。"刘某误以为是全部检修完毕，就按了高压按钮。张某发现万用表指针震荡，邓某伸手去转换万用表挡位开关，只见万用表火光一闪，邓某、彭某被电击倒，因伤势过重，抢救无效死亡，张某被电击伤。事故原因分析：其一，邓某在万用表带电测量的过程中直接切换挡位，过高的电压导致万用表弧光短路，击穿万用表，发生了此次事故；其二，刘某问李某是否检测完毕时，李某没有明确回答。

◆ **事故案例 2**　某日，220 kV 变电站在运行中对继电保护器二次回路进行特别巡检工作，用 MF－35 型万用表测量电流互感器回路不平衡电流、不平衡电压、信号及中间继电器线圈是否断线，当测到某一条 220 kV 线路零序方向Ⅱ段信号继电器时，发生零序方向Ⅱ段跳闸中间继电器 KTQ 启动跳闸，重合成功（三相重合闸方式）。

事故原因分析：巡检前没有检查万用表的挡位就直接进行测量，使用万用表 250 mA 挡，由于该挡位万用表的电阻小，通过直流绝缘监测装置和抗干扰的对地电容 C 构成回路，如图 2—1 所示，该变电站 220 kV、35 kV 线路保护均选用静态型保护，抗干扰对地容量很大，跳闸回路直流正电源一点接地很容易误启动出口中间继电器跳闸。

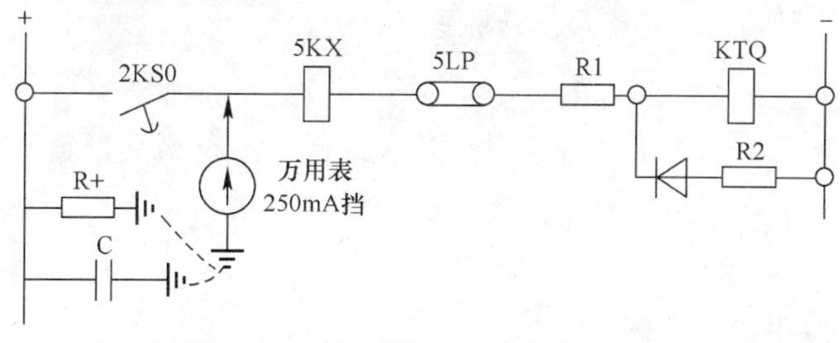

图 2—1　万用表使用不当接线示意图

专家提示

1. 在测量电压、电流和电阻时，红表笔插入“+”接线柱，黑表笔插入“-”接线柱中。测量直流时，注意极性，红表笔接电源正极，黑表笔接电源负极。若表笔接反了，不但会导致表的指针打弯，而且也容易损坏仪表内部元件。

2. 转换开关的位置不能选错，应根据测量对象，将转换开关旋转至需要的挡位，否则会因为挡位选择不当而损坏万用表或读数不准确（注：有的万用表面板上有两个转换开关，一个用于选择测量种类，另一个用于选择测量量程。使用时，应先选择测量种类，再选择量程）。

3. 选择万用表的量程时不宜过大或过小，应根据被测量的大致范围，将转换开关置于合适的量程上，测量电压、电流时，最好使表针指示在量程的1/2或2/3范围内，读数才能比较准确。

4. 万用表使用完毕，应将转换开关置于交流电压的最高挡位或空挡上，不可置于其他挡位上，以防止下次使用万用表时不慎损坏。

相关知识

万用表分为数字式和指针式两种，如图2—2所示。

一、万用表的结构及工作原理

万用表是电工测量中常用的多用途、多量程的可携式仪表。它可以测量直流电流、直流电压、交流电压、电阻等的电量，比较好的万用表还可以测量交流电流、电功率、电感量、电容量等。万用表是电工必备的仪表之一。

1. 万用表的结构

万用表主要由表头（测量机构）、测量线路、转换开关、电池、

a)

b)

图 2—2　万用表的种类

a）数字式万用表　b）指针式万用表

面板以及表壳组成。其表头是一个磁电式测量机构，图 2—3 所示为一个最简单的万用表原理图。图中 S1 是一个具有 12 个分接头的转换开关，用来选择测量种类和量程。S2 是一个单刀双投开关，测量电阻时，S2 拨至“2”位；进行其他测量时，S2 拨至“1”位。

2. 万用表的工作原理

（1）直流电流的测量　测量直流电流时，S1 可拨在 4、5、6 三个位置，S2 则拨在 1 位置。被测电流从“＋”端流入，“－”端流出。R1、R2、R3、R4 为并联分流电阻，拨动 S1 可改变测量电流的量程，这与电流表并联分流电阻扩大量程原理是一样的。

（2）直流电压的测量　测量直流电压时，S1 可拨在 10、11、12 三个位置，S2 则拨在 1 位置。被测电压加在“＋”“－”两端，R5、R6、R7 为串联附加电阻，拨动 S1 就可以得到不同电压测量量程，这与电压表串联附加电阻变换电压量程原理是一样的。

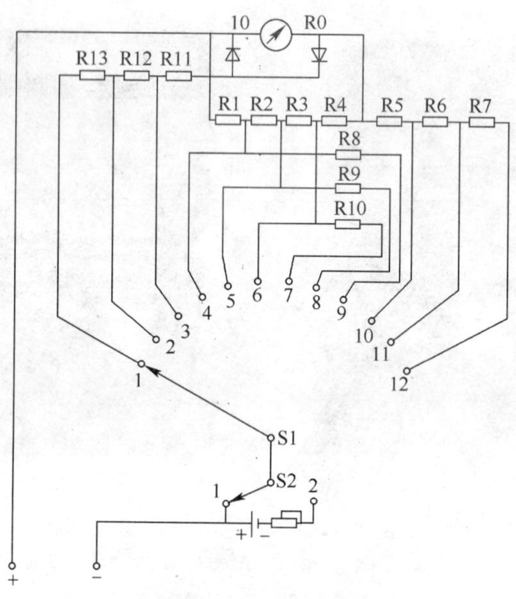

图 2—3 万用表原理图

（3）电阻测量　测量电阻时，S1 可拨在 7、8、9 三个位置，S2 应拨在 2 位置，将表内电池接入电路。被测电阻接在万用表的“+”“−”端，表头内就有电流通过，拨动 S1 时，可以得到不同的量程。如果被测电阻未接入，则输入端开路，表内无电流通过，指针不偏转，所以欧姆挡标度尺的左侧是符号“∞”；如果输入端短路，在被测电阻为 0 时，指针偏转角为最大，所以标度尺的右侧是“0”。万用表中的干电池使用久了或放时间长了端电压就会下降。这时，如果将输入端短接，指针并不指向 0，此时，可调节万用表表头上的调零电位器，使指针回零。

（4）交流电压测量　测量交流电压时，S1 可拨在 1、2、3 三个位置，S2 拨在 1 位置。由于磁电式机构只能测量直流，故在测量交流电压时，需把交流变成直流后进行测量。图 2—3 中的两个二极管即为整流器，它使交流电压正半波通过表头，而负半波不通过表头，通过表头的电流为单相脉动电流。R11、R12、R13 为串联附加电阻，拨动 S1 可以得到不同的电压量程。

二、万用表使用方法及注意事项

由于万用表是多量程的，它的结构形式又是多样的，不同型号的万用表，其面板上的布置也有所不同。因此，要做到熟练和正确使用，不但要了解各个调节旋钮的用途和使用方法，还要熟悉各刻度标尺的用途，才能准确地读出所需测量的数据。

1. 正确的使用方法

(1) 测量前应认真检查表笔位置，红色表笔应接标有“＋”号的接线柱（内部电池为正极），黑色表笔应接标有“－”号的接线柱（内部电池为负极）。在测量电压时应并联接入被测电路；在测量电流时应串联接入被测电路。在测量直流电流、电压时，红色表笔应接在被测电路正极，黑色表笔应接在被测电路负极，以避免因极性接反而造成仪表损坏。有的万用表有交、直流 2 500 V 测量端钮，专门用来测量较高的电压，使用时黑色表笔仍接在“－”极接线柱上，红色表笔接在 2 500 V 的接线柱上。

(2) 根据测量对象，将转换开关拨到相应挡位。有的万用表有两个转换开关，一个选择测量种类，另一个改变量程，在使用时应先选择测量种类，然后选择量程。测量种类一定要选择准确，如果误用电流或电阻挡去测量电压，就有可能损坏表头，甚至造成测量线路短路。选择量程时，应尽可能使被测量值达到表头量程的 1/2 或 2/3 以上，以减小测量误差，若事先不知道被测量的大小，应先选用最大量程测试，再逐步换用适当的量程。

(3) 读数时，要根据测量对象在相应的标尺读取数据。标尺端标有“DC”或“－”标记为测量直流电流和直流电压时用；标尺端标有“AC”或“～”标记为测量交流电压时用；标有“Ω”的标尺为测量电阻专用。

2. 注意事项

（1）测量电阻的注意事项

1）选择适当的倍率挡，使指针尽量接近标尺的中心部分，以确保读数比较准确。在测量时，用指针在标尺上的指示值乘以倍率，即为被测电阻的阻值。

2）测量电阻之前，或掉换不同倍率挡后，都应将两表笔短接，用调零旋钮调零，调不到零位时应更换电池。测量完毕，应将转换开关拨到交流电压最高挡或空挡上，以防止表笔短接，造成电池短路放电。同时，也可防止下次测量时忘记拨挡去测量电压而烧坏表头。

3）不能带电测量电阻，否则不仅得不到正确的读数，还有可能损坏表头。

4）用万用表测量半导体元件的正、反向电阻时，应用 R×100 挡，不能用高阻挡，以免损坏半导体元件。

5）严禁用万用表的电阻挡直接测量微安表、检流计、标准电池等仪表的内阻。

6）万用表长期不使用时，应把内部的电池取出，防止时间久了电池变质，内部的液体渗出而损坏仪表。

（2）测量电压、电流的注意事项

1）要有人监护，如测量人不懂测量技术，监护人有权制止其测量工作。

2）测量时人身不得触及表笔金属部分，以保证测量的准确性及安全。

3）测量高电压或大电流时，在测量中不得拨动转换开关，若不知被测量的大小时，应将量程置于最高挡，然后逐步向低挡转换。

4）注意被测量的极性，以免损坏仪表。

操作训练

1. 用指针式万用表测量电阻器阻值。

2. 使用万用表判别二极管极性。

作业项目2　钳形电流表

操作误区

禁忌1　用钳形电流表测量线路之前，没有估计被测线路的电压、电流，并且裸手测量，导致超出钳形电流表的量程，发生触电事故。

禁忌2　在测量线路时，将交流钳形电流表和直流钳形电流表混用。

禁忌3　在使用钳形电流表测量线路电流的过程中，直接转换钳形电流表的量程，并且在钳形电流表使用完毕，没有及时将钳形电流表量程开关置于量程的最高挡位上。

专家提示

1. 钳形电流表不能测高压线路的电流，被测线路的电压不能超过钳形电流表所规定的使用电压，以防绝缘击穿，人身触电。

2. 测量前应估计被测电流的大小，选择适当的量程，不可用小量程挡位去测量大电流；钳入导线后不能再转换量程，应先退出导线，待转换量程后再钳入导线。

3. 钳形电流表不能测量裸导线，以防止触电和短路。

4. 交流和直流两种钳形电流表不能混用；测量结束后应将量程调节开关置于最高挡位或安全挡位上，防止下次使用时发生安全事故。

相关知识

一、钳形电流表的用途和结构原理

通常在测量电流时需将被测电路断开，才能使电流表或互感器的一次侧串联到电路中。而使用钳形电流表测量电流时，可以在不断开电路的情况下进行。钳形电流表是一种可携式仪表，使用非常方便。

用来测量交流电流的钳形电流表是利用电流互感器原理制成的，如图 2—4 所示。它有一个用硅钢片叠成的可以张开和闭合的钳形铁心 2，在铁心上绕有二次线圈 4，线圈两端连着电流表 5。在使用时，握紧手柄 7，把待测电流的导线 1 从铁心的钳形开口处引进来，松开手柄，使钳口闭合。这时被测导线就相当于电流互感器的一次绕组，一次电流则可从电流表上读出。这种钳形表通常有几种不同的量程，若想改变量程，可以通过选择旋钮 6 的位置实现。

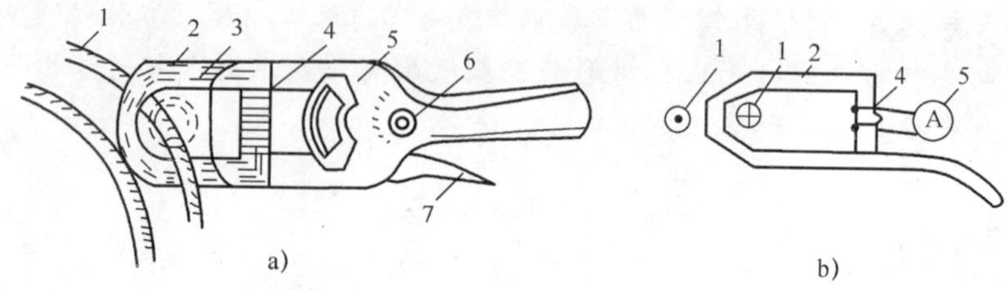

图 2—4 交流钳形电流表
a）外形图 b）结构原理图
1—导线 2—铁心 3—磁通 4—二次线圈 5—电流表
6—量程选择开关 7—手柄

还有一种交直流两用的钳形表，它是用电磁式测量机构制成的，其结构如图 2—5 所示。卡在铁心钳口中的线圈在铁心中产生磁场。位于铁心缺口中间的可动铁片受此磁场的作用而偏转，从而带动指针指示出被测电流的数值。

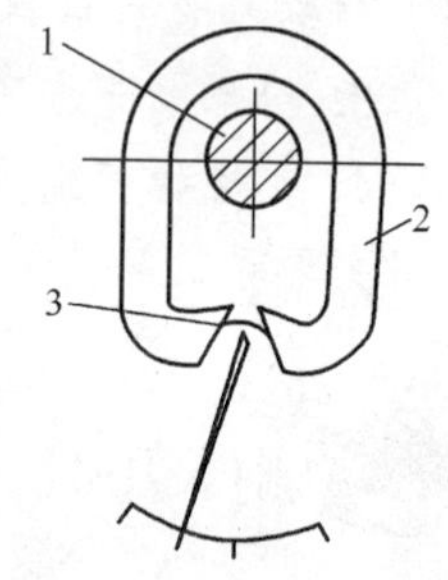

图 2—5 交直流钳形电流表的结构
1—被测电流导线 2—磁路系统 3—可动铁片

二、钳形电流表使用方法及注意事项

1. 在使用前应仔细阅读说明书，弄清楚是交流还是交直流两用钳形表。

2. 被测电路电压不能超过钳形表上所标

明的数值，否则容易造成接地事故，或者引起触电危险。这种仪表通常用来测量 400 V 以下电路中的电流。

3. 每次只能测量一相导线的电流，被测导线应置于钳形窗口中央，不可将多相导线都夹入窗口进行测量。

4. 钳形电流表都有量程转换开关，测量前应先估计被测电流的大小，再决定用哪一种量程。若无法估计被测电流的大小，可先用最大量程挡，然后逐渐调整至合适挡位，以准确读数。不能使用小电流挡去测量大电流，以防止损坏仪表。

5. 钳口在测量时闭合要紧密，闭合后如果有噪声，可打开钳口重新闭合一次，若噪声仍然不能消除时，应检查磁路上各结合面是否光洁，若有污物要擦拭干净。

6. 由于钳形电流表本身精度较低，通常为 2.5 级或 5.0 级。在测量小电流时可采用下述方法：先将被测电路的导线绕几圈，再放进钳形表口内进行测量。此时钳形电流表所指示的电流值并非被测量的实际值，实际电流值应为钳形电流表读数除以导线缠绕的圈数。

7. 维修时不要带电操作。因钳形电流表的原理同电流互感器，一次线圈匝数较少，二次线圈匝数多，一次侧只要有一定大小的电流，二次侧开路时就会有高电压出现，所以，维修钳形电流表时均不要带电操作。

常用钳形电流表主要技术特性见表 2—1。

表 2—1　　常用钳形电流表主要技术特性

名称	型号	准确度等级	测量范围	1 min 绝缘耐压（V）
钳形交流电压表	T－301（T－301－T 为热带型）	2.5	0～10～25～50～100～250 A 0～10～25～100～300～600 A 0～10～30～100～300～1 000 A	2 000

续表

名称	型号	准确度等级	测量范围	1 min 绝缘耐压（V）
钳形交直流电流、电压表	T－302（T－302－T为热带型）	2.5	电流： 0～10～30～100～300～1 000 A 电压： 0～250～500 V 0～300～600 V	2 000
钳形交流电流、电压表	MG－AV	2.5	电流： 0～10～30～100～300～1 000 A 电压： 0～150～300～600 V	2 000
钳形交直流电流表	MG20、MG21	5.0	0～100～200～300～400～500～600 A 0～750～1 000～1 500 A	2 000
袖珍型钳形表	MG24	2.5	电流：0～5～25～250 A 电压：0～300～600 V 电流：0～5～50～250 A 电压：0～300～600 V	2 000
袖珍型三用钳形表	MG25	2.5	交流电流：5～25～100 A 直流电流：5～50～250 A 交流电压：300～600 V 直流电阻：0～50 kΩ	2 000

操作训练

1. 使用钳形电流表测量三相电动机的启动电流和空载电流。

2. 使用钳形电流表测量单相用电设备的电流。

作业项目3　兆　欧　表

操作误区

禁忌1　使用不带保护环的兆欧表直接对线路或设备进行测量。

禁忌2　使用兆欧表测量对地绝缘电阻时，“L”端与“E”端接反。

禁忌3　用低压兆欧表测量高压设备的绝缘电阻；用高压兆欧表测量低压设备的绝缘电阻。

血的教训

◆**事故案例**　某日水电公司工程部维修所电工季某带着职工聂某和朱某从县城梅山去南坪35 kV变电站进行设备预防性试验，到达南坪变电站后，在未办理工作票，准备工作不完善的情况下就开始进行设备试验和测量工作。首先对变电站内安全防护用具进行耐压试验，结束后测量35 kV避雷器泄漏电流。季某直接安排南坪变电站电工赵某帮助测试工作。在35 kV绝缘棒顶端夹接一引下线接入兆欧表，兆欧表另一端用导线与接地体连接。季某负责指挥和监护，聂某负责读表并记录，朱某负责用绝缘塑料带拉住引下线，以防接近其他物体，赵某操作绝缘棒接触避雷器。在绝缘棒接触C相避雷器下接头包箍时，兆欧表指针不动。这时季某、聂某都让赵把绝缘棒向上移动一下，赵某便错误地把绝缘棒移至避雷器最上端（此处对地电压为20 kV），这时季某正好蹲在地上右手误碰兆欧表与接地体的连接线，发生高压触电，朱某、赵某发现季某右手胳膊上放电弧。只听到季某叫了一声，就倒在地上，昏迷不醒。赵某当即把绝缘棒扔掉，使季某脱离了电源。紧接着对季某进行人工呼吸、心肺按压抢救，但季某终因抢救无效死亡。事故原因分析：由于操作人员误将绝缘棒触头触及避雷器顶盖（高压带电体），死者右手误碰电流表与接地体之间的测量连接导线，导致了这起事故的发生，是造成事故的直接原因；水电公司工程部在这次设备预防性试验中，未按规定履行安全管理职责，未作专项安全技术交底和检查，以致出现工作人员未办理工作票、未携带绝缘皮垫、未穿戴绝缘防护用具等违规现象，是造成这次人身触电死亡事故的间接原因。

专家提示

1. “L”端与“E”端间的直流电压有时高达几百伏，甚至达到数千伏。在这样的高电压下“L”端与“E”端间的表面漏电流是不可忽略的，如果将漏电流引入测量机构，将给测量带来很大的误差，所以兆欧表上应有保护环，将漏电流直接引入发电机负极，而不流过测量结构，以防止误差的产生。

2. 在使用兆欧表测量电气设备的绝缘电阻时，“L”端接被测设备导体，“E”端接地（即接地的设备的外壳），“G”接被测设备的绝缘部分。这时，被测设备绝缘表面的漏电流，在屏蔽的作用下，经过“G”直接流回发电机的负极。当“L”端与“E”端接反时，流过绝缘体内绝缘电阻的漏电流和绝缘表面的漏电流经外壳汇集到地，再经由“L”流进测量线圈，使“G”失去屏蔽作用。

3. 兆欧表的额定电压的选择要与被测电气设备的额定电压相吻合。因为高压设备的绝缘较厚，如果用低压兆欧表测量绝缘电阻，在单位长度承受的电压较小，不能形成介质极化，对潮气的电解作用也较弱，测出的数据不能反映真实情况；反之，如果低压设备用高压兆欧表测量，有可能击穿绝缘。几种测量对象被测绝缘的额定电压及应选用兆欧表的额定电压见表 2—2。

表 2—2　　测量对象被测绝缘的额定电压及应选用兆欧表的额定电压

测量对象	被测绝缘的额定电压（V）	所选用兆欧表的额定电压（V）
线圈绝缘电阻	500 以上	1 000
	500 以下	500
电力变压器或电动机的线圈绝缘电阻	500 以上	1 000～2 500
	500 以下	1 000
发电机线圈绝缘电阻	500 以上	500～1 000
	500 以下	2 500
绝缘子	—	2 500～5 000

相关知识

测量高值电阻和绝缘电阻的仪表叫做绝缘电阻表，以前称为摇表，也称兆欧表（现已有一种数字式液晶显示表）。与其他仪表不同的地方是本身带有高压电源，这对测量高压设备的绝缘电阻是十分必要的。

兆欧表主要有 500 V、1 000 V、2 500 V、5 000 V 几种，单位为 MΩ。高压电源多采用手摇直流发电机提供，也有采用晶体管直流变换器代替手摇发电机的，在使用上更加方便。

一、兆欧表结构原理

兆欧表的结构主要由两部分组成：一部分是手摇直流发电机；另一部分是磁电式流比计量机构。手摇发电机有离心式调速装置，可使转子能够以恒定的速度转动，并保持输出稳定。

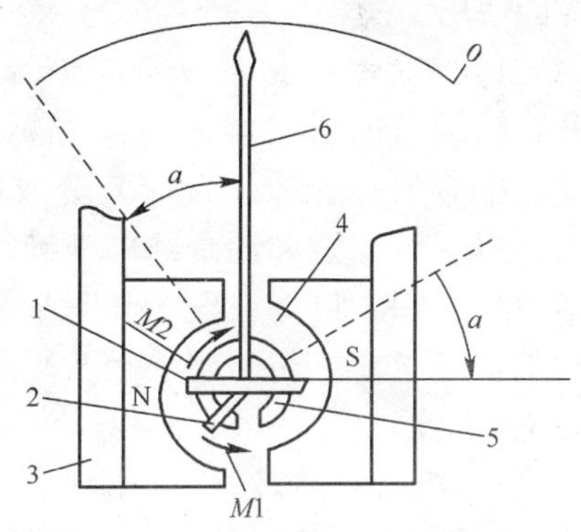

图 2—6　磁电式流比计量机构图

1、2—可动线圈　3—永久磁铁　4—极掌

5—带缺口的圆柱形铁心　6—指针

图 2—6 所示为具有丁字形

线圈的磁电式流比计测量机构图，图中可动线圈 1 和 2 成丁字形交叉放置，并共同固定在转轴上，圆柱形铁心 5 上有缺口，且极掌 4 的形状做成不均匀空气隙式，使得永久性磁铁 3 产生的磁场不均匀分布。

二、兆欧表使用方法和注意事项

1. 兆欧表应按被测电气设备的电压等级选用，一般额定电压在 500 V 以下的设备，选用 500 V 或 1 000 V 的兆欧表（兆欧表的电压过高，可能在测试中损坏设备的绝缘）；额定电压在 500 V 以上的设备，可选用 1 000 V 和 2 500 V 兆欧表；特殊要求的选用 5 000 V 兆欧表。

2. 兆欧表的引线必须使用绝缘较好的单根多股导线，两根引线不能缠在一起使用，引线也不能与电气设备或地面接触。兆欧表的“线路” L 引线端和“接地” E 引线端可采用不同颜色。

3. 测量前，兆欧表应做一次检查。检查时将仪表平放，在接线前，摇动手柄，指针应指到“∞”处。再把接线端瞬时短接，缓慢摇动手柄，指针应指向“0”处。否则为兆欧表有故障，必须检修后才能使用。

4. 严禁带电测量设备的绝缘，测量前应将被测设备电源断开，将设备的引出线对地短路放电（对于变压器、电动机、电缆、电容器等容性设备应充分放电），并将被测设备表面擦拭干净，以保证安全和测量结果准确。测量完毕，也应将被测设备表面擦拭干净，以保证安全和测量结果准确。同时也应将设备充分放电，放电前，切勿用手触及测量部分和兆欧表的接线柱，以免触电。

5. 接线时，“接地” E 端钮应接在电气设备外壳或地线上，“线路” L 端钮与被测导体连接。测量电缆的绝缘电阻时，应将电缆的绝缘层接到“屏蔽端子” G 上。如果在潮湿的天气里测量设备的绝缘电阻，也应接到 G 端子上，把它连在绝缘支持物上，以消除绝缘物表面的泄漏电流对所测绝缘电阻值的影响，其接线如图 2—7 所示。

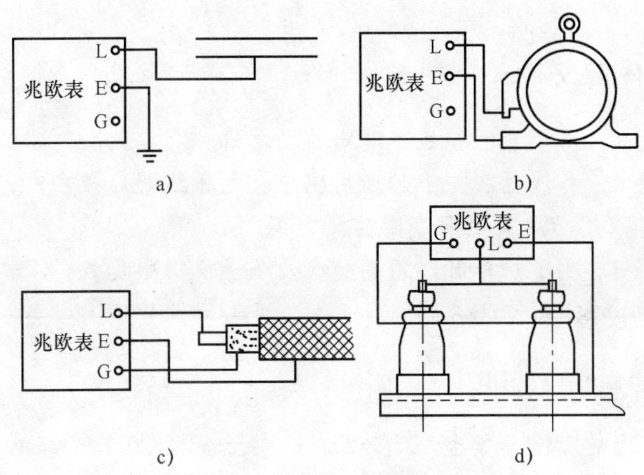

图 2—7　用兆欧表测量接线图

a）测量线路对地的绝缘电阻　b）测量电动机的绝缘电阻
c）测量电缆的绝缘电阻　d）测量变压器的绝缘电阻

6. 测量时，将兆欧表放置平稳，避免表身晃动，摇动手柄，使发电机转速逐渐加快，一般应保持在 120 r/min，匀速不变。如果所测设备短路，应立即停止摇动手柄。测量时，绝缘电阻随着时间长短不同，一般采用 1 min 读数为准。在测量容性设备，如电容器、电缆、大容量变压器和电动机时，要有一定的充电时间，应等到指针位置不变时再读数。测量结束后，应先取下兆欧表测量引线，再停止摇动手柄。

操作训练

1. 使用 500 V 兆欧表测量三相电动机的相间绝缘与相对地绝缘。

2. 使用 1 000 V 兆欧表测量高压电缆头的相间绝缘与相对地绝缘。

作业项目4　功　率　表

操作误区

禁忌1　功率表的接线不遵守“发电机端”原则。

禁忌2　负载电阻较小时采用功率表电压线圈后接方式；负载电阻较大时采用功率表电压线圈前接方式。

禁忌3　测量功率时，用高功率表测量低功率负载。

血的教训

◆**事故案例**　某电厂1号机组大修于7月10日全部结束，7月12日和13日进行高速动平衡试验，振动情况良好，最大的5号轴承为0.028 mm。7月14日，机组进行第三次启动，7时锅炉点火，随后投9只油枪，8时汽轮机冲动，DEH系统投入，冲动前参数正常，炉侧过热蒸汽温度为363℃、333℃，机侧温度267℃、压力1.72 MPa、高压内缸上壁温度251℃，其他正常。8时15分汽轮机定速在3 000 r/min。8时47分发电机手动同期并网，此时炉侧过热蒸汽温度432.1℃、438.5℃，机侧温度403℃、394℃，高压内缸上壁温度287℃，高压胀差2.45 mm，振动最大的5号轴承为0.023 mm，并列后发电机有功和无功功率表均无指标。9时3分，发现高压油动机全开至155 mm，将DEH切到液调。9时5分，锅炉投入一台磨煤机，停3只轻油枪，投二级减温水，高压胀差3.6 mm。9时13分，高压胀差4.0 mm，立即手摇同步器，将高压油动机行程关到96 mm，发现中压油动机参与调整，再热汽压升到1.5 MPa，又将高压油动机行程开到112 mm。9时19分高压胀差到 4.38 mm，用功率限制器将油动机关到空负荷位置(30 mm)，此时高压内缸上壁温度 351℃，机侧过热蒸汽温度 414℃，炉侧温度为 406℃。9 时 24 分，高压胀差 4.46 mm，运行副总下令发电机解列，汽机司机打闸停机，这时高压胀差最大到 5.02 mm。打闸前振动最大的 5 号轴承为 0.024 mm，打闸后 2 分 17 秒时振动最大的 1 号轴承为 0.039 mm，转子惰走 24 min，启动盘车电流为 60 A，大轴晃度 0.08 mm，偏心 0.138 mm。16 时 50 分大轴晃度最终稳定在 0.11 mm，16 时 20 分测量转子弯曲度为 0.165 mm，最大位于调节级后第二级叶轮处，说明高压转子已发生弯曲。原因分析：1. 由于电工的疏忽导致功率表接线错误，功率表无指示，并网后有功功率和无功功率表均无指示，没有及时停机处理，使 DEH 系统在没有功率反馈的条件下，将高压油动机开到最大，根据发电机转子电流 2 000 A，推算有功负荷为 33～45 MW，蒸汽流量约为 220 t/h，促使高压胀差的变化率增大。2. 机组参数不匹配，启动至并网主蒸汽温度一直偏高，锅炉投入多支油枪，使主蒸汽温度难以控制，为高压胀差增长创造了条件。

专家提示

1. 选择功率表的量限时，除考虑应有足够的功率量限外，还应注意要正确选择功率表中的电流量限和电压量限，必须使电流量限能容许通过负载电流，电压量限能承受负载电压，这样测量功率表的量限就足够了。

2. 功率表的接线必须遵守“发电机端”规则。

3. 一般功率表只标注分格数，而不标注瓦数。不同电流量限和电压量限的功率表，每一分格代表不同的瓦数（即分格常数）。在测量功率时，应将指针偏转格数乘以分格常数，即得到功率表读数。

4. 如果使用电流互感器和电压互感器时，实际功率应为功率表的读数乘以电流互感器和电压互感器的变化值。

5. 负载电阻较小时，如果采用功率表电压线圈前接的方式，会出现负载电阻远远大于功率表电流线圈电阻的情况，所以功率表本身的功率损耗对测量结果影响较大。因此，负载电阻较小时，不宜采用功率表电压线圈前接方式。

6. 负载电阻较大时，如果采用功率表电压线圈后接方式，功率表电压支路两端电压虽然等于负载电压，但电流线圈的电流却等于负载电流加上功率表电压支路电流。因此，功率表本身的功率消耗对测量结果的影响较大，不宜采用功率表电压线圈后接方式。

相关知识

一、电动式功率表的工作原理

由于电动式功率表是单向偏转的，偏转方向与电流线圈和电压线圈中的电流方向有关。为了使指针不反向偏转，通常把两个线圈的始端都标有“*”或“±”符号，习惯上称之为“同名端”或“发电机端”，接线时必须将有相同符号的端钮接在同一根电源线上。当弄不清电源线在负载哪一边时，针指可能反转，这时只需将电压线圈端钮的接线对调一下，或将装在电压线圈中改换极性的开关转换一下即可。

图 2—8a 和 2—8b 的两种接线方式，都包含功率表本身的一部分损耗。在图 2—8a 的电流线圈中流过的电流显然是负载电流，但电压线圈两端电压却等于负载电压加上电流线圈的电压降，即在功率表的读数中多出了电流线圈的损耗。因此，这种接法比较适用于负载电阻远大于电流线圈电阻（即电流小、电压高、功率小的负载）的测量。如在日光灯实验中镇流器功率的测量，其电流

线圈的损耗就要比负载的功率小得多，功率表的读数就等于负载功率。在图 2—8b 中，电压线圈上的电压虽然等于负载电压，但电流线圈中的电流却等于负载电流加上电压线圈的电流，即功率表的读数中多出了电压线圈的损耗。因此，这种接法比较适用于负载电阻远小于电压线圈电阻及大电流、大功率负载的测量。

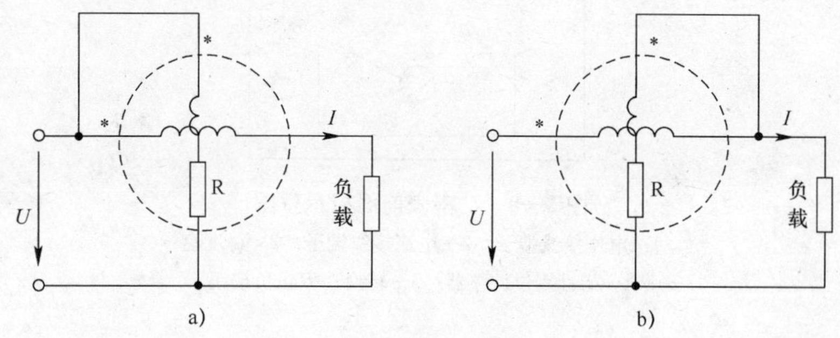

图 2—8　功率表的两种接线方式

使用功率表时，不仅要求被测功率数值在仪表量限内，而且要求被测电路的电压和电流值也不超过仪表电压线圈和电流线圈的额定量限值，否则会烧坏仪表的线圈。因此，选择功率表量限，就是选择其电压和电流的量限。

二、功率表的读数

由于功率表的电压线圈量限有 3 个，电流线圈的量限有 2 个（见图 2—9）。若实验室所设计的日光灯电路实验的功率表电流量限为 0.5～1 A，电流量程换接片按图 2—9 中实线的接法，即为功率表的两个电流线圈串联，其量限为 0.5 A；如换接片按虚线连接，即功率表两个电流线圈并联，量限为 1 A。表盘上的刻度为 150 格。

如功率表电压量限选 300 V，电流量限选 1 A 时，用这种额定功率因数为 1 的功率表去测量，则每格$=\frac{300\ \text{V}\times 1\ \text{A}}{150}=2\ \text{W}$，即实数

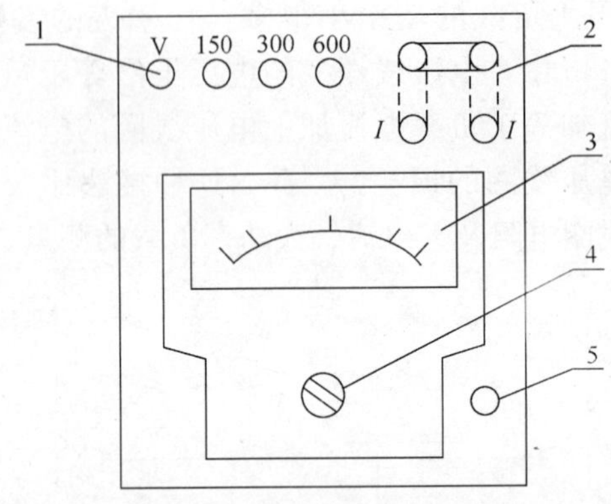

图 2—9　功率表前面板示意图

1—电压接线端子　2—电流接线端子　3—标度盘

4—指针零位调整器　5—转换功率正负按钮

的格数乘以 2 才为实际被测功率值。

如电压量限选用 300 V，电流量限选 0.5 A，则每格 $=\frac{300\ \text{V}\times 0.5\ \text{A}}{150}=1\ \text{W}$，即实数的格数乘以 1 为被测功率数值。所以功率表实际测量的功率 P 应满足于下面的换算公式：

$$P=\frac{\text{被选用的电压量}\times\text{被选用的电流量}}{\text{仪表满刻度的格数}}\times\text{实测格数}$$

三、两种功率表的使用说明

1. D26 型毫安安培伏特瓦特表

D26 型仪表是一种电动系可携式仪表，如图 2—10 所示，可测量直流及交流（50 Hz）电路中电流、电压和有功功率。

图 2—10　D26 型仪表

（1）准确度等级　该表准确度等级为 0.5 级。瓦特表额定功率因数 $\cos\varphi=1$。基本技术特性见表 2—3、2—4。

表 2—3　　测量范围

仪表名称	测量范围	测量上限	有效使用范围	直流电阻（Ω）	电感（mH）
毫安表	150～300 mA	150 mA	50～150 mA	130	240
		300 mA	100～300 mA	31	58
	250～500 mA	250 mA	75～250 mA	55	90
		500 mA	150～500 mA	16	23
安培表	0.5～1 A	0.5 A	0.15～0.5 A	14.5	23
		1 A	0.3～1 A	4.25	5.4
	1～2 A	1 A	0.3～1 A	3.5	5
		2 A	0.6～2 A	1.2	1.25
	2.5～5 A	2.5 A	0.75～2.5 A	0.78	1
		5 A	1.5～5 A	0.3	0.23
	5～10 A	5 A	1.5～5 A	0.32	0.23
		10 A	3～10 A	0.14	0.06
	10～20 A	10 A	3～10 A	0.16	0.06
		20 A	6～20 A	0.065	0.18
伏特表	75/150/300 V	75 V	25～75 V	1 250	
		150 V	50～150 V	2 500	
		300 V	100～300 V	5 000	
	125/250/500 V	125 V	37.5～125 V	3 125	
		250 V	75～250 V	6 250	
		500 V	150～500 V	12 500	
	150/300/600 V	150 V	50～150 V	3 750	
		300 V	100～300 V	7 500	
		600 V	200～600 V	15 000	

表 2—4　　　　　　　　直流电阻及电感

仪表名称	电流电路参数			电压电路参数	
	额定电流（A）	直流电阻（Ω）	电感（mH）	额定电压（V）	直流电阻值（Ω）
瓦特表	0.5	5.1	5.2		
	1	1.27	1.3	75	2 500
	1	1.08	1.4	150	5 000
	2	0.27	0.35	300	10 000
	2.5	0.158	0.22	125	4 167
	5	0.039	0.055	250	8 333
	5	0.046	0.06	500	16 667
	10	0.011	0.015	150	5 000
	10	0.015	0.02	300	10 000
	20	0.003 75	0.005	600	20 000

（2）使用注意事项

仪表使用时应放置水平，尽可能远离强电流导线和强磁性物质，以免增加仪表误差。

仪表指针如不在零位上，可利用表盖上的零调器将指针调至零位。

根据所需测量范围将仪表接入线路，在通电前必须对线路中的电流或电压大小有所估计，避免过高超载，以免仪表遭到损坏。

瓦特表测量时如遇仪表指针反方向偏转时，应改变换向开关的极性。可使指针正方向偏转，切忌互换电压接线，以免使仪表产生附加误差。

（3）指示值的计算　瓦特表的指示值按下式计算：

$$P=Ca\text{（瓦特）}$$

式中　P——功率；W。

C——仪表常数亦即刻每小格所代表的瓦特数，见表 2—5。

a——仪表偏转时指示格数。

表 2—5　　瓦特表每小格所代表的瓦特数

额定电流(A)	额定电压(V)						
	75	150	300	600	125	250	500
0.5	0.25	0.5	1	2	0.5	1	2
1	0.5	1	2	4	1	2	4
2	1	2	4	8	2	4	8
2.5	1.25	2.5	5	10	2.5	5	10
5	2.5	5	10	20	5	10	20
10	5	10	20	40	10	20	40
20	10	20	40	80	20	40	80

2. D34－W 型低功率因数瓦特表

D34－W 型携带式 0.5 级电动系低功率因数瓦特表（见图 2—11），主要用于直流电路中测量小功率或交流 50 Hz 电路中测量功率。

图 2—11　D34－W 型低功率因数瓦特表

(1) 准确度等级　该表准确度等级为 0.5 级，额定功率因数 cosφ=0.2。基本技术特性如下：

1) 仪表串联电路的额定电流为双量限，供应下列五种规格：0.25～0.5 A；0.5～1 A；1～2 A；2.5～5 A；5～10 A。

2) 仪表并联电路的额定电压量限均为三量限，共有下列各种规格：25/50/100 V；50/100/200 V；75/150/300 V；150/300/600 V。

仪表串联电流电路的直流电阻值见表 2—6。仪表并联电压电路电流为 30 mA 时各量限的直流电阻见表 2—7。

表 2—6　仪表串联电流电路的直流电阻值

额定电流（A）	量限（A）	直流电阻值（Ω）
0.25～0.5	0.25	39.09
	0.5	9.272
0.5～1	0.5	10.044
	1	2.511
1～2	1	2.26
	2	0.57
2.5～5	2.5	0.412
	5	0.103
5～10	5	0.11
	10	0.027

表 2—7　仪表并联电压电路电流为 30 mA 时各量限的直流电阻

额定电流（A）	量限（A）	直流电阻值（Ω）
25/50/100	25	833.3
	50	1 666.7
	100	3 333.3
50/100/200	50	1 666.7
	100	3 333.3
	200	6 666.7

续表

额定电流（A）	量限（A）	直流电阻值（Ω）
75/150/300	75	2 500
	150	5 000
	300	10 000
150/300/600	150	5 000
	300	10 000
	600	20 000

（2）使用注意事项

1）使用时仪表应放置水平，并尽可能远离强电流导线或强磁场地点，以免使仪表产生附加误差。

2）仪表指针如不在零位时，可利用表盖上零位调整器进行调整。

3）测量时如遇仪表指针反方向偏转时，应改变换向开关的极性，即可使指针顺时针方向偏转。切忌互换电压接线，以免使仪表产生误差。

（3）指示值计算　仪表的指示值可按下式计算：

$$P=C\alpha$$

式中　P——功率；W。

C——仪表常数亦即刻度每格所代表的瓦特数，见表 2—8。

α——仪表偏转后指示格数。

表 2—8　　瓦特表每小格所代表的瓦特数

型号		刻度每格所代表的瓦特数（W）											
	电压（V）/ 电流（A）	25	50	100	50	100	200	75	150	300	150	300	600
D34－W	0.25	0.01	0.02	0.04	0.025	0.05	0.1	0.025	0.05	0.1	0.05	0.1	0.2
	0.5	0.02	0.04	0.08	0.05	0.1	0.2	0.05	0.1	0.2	0.1	0.2	0.4

续表

型号	电压(V)／电流(A)	刻度每格所代表的瓦特数（W）											
		25	50	100	50	100	200	75	150	300	150	300	600
D34 - W	0.5	0.025	0.05	0.1	0.05	0.1	0.2	0.05	0.1	0.2	0.1	0.2	0.4
	1	0.05	0.1	0.2	0.1	0.2	0.4	0.1	0.2	0.4	0.2	0.4	0.8
	1	0.05	0.1	0.2	0.1	0.2	0.4	0.1	0.2	0.4	0.25	0.5	1
	2	0.1	0.2	0.4	0.2	0.4	0.8	0.2	0.4	0.8	0.5	1	2
	2.5	0.1	0.2	0.4	0.25	0.5	1	0.25	0.5	1	0.5	1	2
	5	0.2	0.4	0.8	0.5	1	2	0.5	1	2	1	2	4
	5	0.25	0.5	1	0.5	1	2	0.5	1	2	1	2	4
	10	0.5	1	2	1	2	4	1	2	4	2	4	8

操作训练

日光灯电路及其功率因数的提高。

日光灯电路元器件及检测用仪表的型号与规格、数量，见表2—9。

表 2—9　　日光灯电路元器件及检测用仪表的型号与规格、数量

序号	名称	型号与规格	数量	备注
1	交流电源	～220 V	1	
2	交流电压表	0～500 V	1	
3	交流电流表	0～5 A	1	
4	功率表		1	（DGJ - 07）
5	自耦调压器		1	

续表

序号	名称	型号与规格	数量	备注
6	镇流器、启辉器	与 40 W 灯管配用	各 1	DGJ－04
7	日光灯灯管	40 W	1	屏内
8	电容器	1 μF，2.2 μF，4.7 μF/500 V	各 1	DGJ－04
9	电流插座		3	DGJ－04

按图 2—12 组成日光灯实验线路。检查后，接通市电电源。慢慢调节自耦调压器，加入实验所需要求的相电压 220 V，日光灯亮后，按表要求测量数据。并将数据写入表 2—10 中。测量数据时，应一个变量一个变量地测量，即改变电容值，测量功率，功率全部测完后，再改变电容值，测量电流，以此类推。

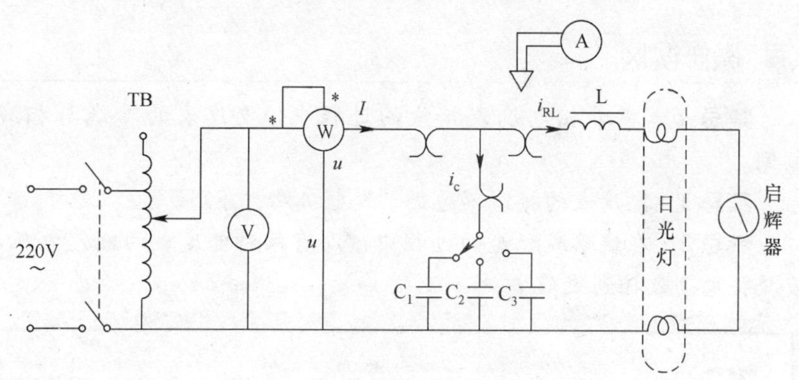

图 2—12　日光灯实验线路

表 2—10　　日光灯电路相关检测数据

电容值	测量数值					计算值
(μF)	U(V)	P(W)	I(A)	IL_R(A)	I_C(A)	$\cos\phi$
0						
1						

续表

电容值	测量数值					计算值
(μF)	U(V)	P(W)	I(A)	IL_R(A)	I_C(A)	$\cos\phi$
2.2						
3.2						
4.7						
5.7						
6.9						
7.9						

作业项目5　电　度　表

操作误区

禁忌1　在单相电度表接线的过程中，电度表的零线与相线颠倒。

禁忌2　电度表的接线不遵循“发电机端”守则。

禁忌3　在线路或配盘的过程中，没有核对电度表的额定电压，直接将电度表接到线路中。

血的教训

◆**事故案例**　某日，一名有着20年工作经验（具体从事过电气检修3年，电气安装6年，220 kV变电站维护3年及现在的动力检修7年）的电气作业人员，受朋友委托帮助一集体单位安装三相四线有功电度表，现场勘察发现，工作场地非常狭小，且因集体企业效益不好，一个烂木头箱子里装着一个100 A

的低压断路器及三个电流互感器，安装电度表的出线已经留出（原来使用过，因单位变化后来停用，现在决定恢复计量），里面满是灰尘渣滓且所处位置高过头顶，不便施工，也没有三相电压干线的保险，于是该电气作业人员就对负责人说："这不安全，等找到三套保险再来安装"，说完就准备离去，而负责人不理会电气作业人员的意见，自做主张地站在板凳上很快将线接好，之后便踮起脚，接着合上 100 A 的开关，只听"嘭"的一声，电表接线盖炸开，开关跳闸，此时他右手前肘立即红了一大片，仔细检查电度表电压出线与电流互感器二次接地端有明显的短路痕迹，认为可能是电度表拿去校验后接地短接片未及时取出。在处理好相间绝缘，重新将线接上，合上开关，线路基本正常（但线路中还存在一些其他安全隐患，如电压干线未装保险）。分析事故原因：其一，电工没有按《电气安全作业规程中的规定》，接线前检查线路及电度表的情况；其二，没有按规定穿劳动防护用品。

专家提示

1. 电度表额定电压不能高于或低于负载额定电压；电度表最大额定电流不能低于负载最大电流。

2. 在一般情况下，单相电度表的相线与零线接反，不影响电度表的使用，但是在特殊情况下，如果用户将电灯、收音机等接到相线和大地接触的设备之间，在负荷电流可能不流过或很少流过电度表的电流线圈，从而会造成电度表不计或少计电度数，更严重的是，这样做违反了常规，增加了不安全因素，容易发生触电事故。

3. 电度表准确度分为 0.5、1.0、2.0 和 3.0 级。使用时在额定电压、标定电流、额定功率和 $\cos\phi=1$ 时使用 3 000 个小时误差不应超过等级误差。

4. 电度表的灵敏度，即负载电流从零增加至铝盘开始转动时的最小电流不应大于额定电流的 0.5%。

5. 当负载电流为零，电压为电度表额定电压 80%～110%时，电度表铝盘的潜动不应超过一圈。

6. 电度表的接线不能违反“发电机端”守则。不过电压和电流线圈的电源端在接线盒中已经连在一起。配线应采取进端接电源，出端接负载，电流线圈不要接零线，而应接相线。

7. 电度表的电流线圈无电流时，在额定电压和额定频率的条件下，电流线圈功率应不超过 3 W。

8. 电度表是根据电磁感应原理制成的，它只能用于交流电路的电能测量，而不能用于直流电路的电能测量。

相关知识

一、电度表及其分类

1. 电度表的定义

电度表是用来测量电能的仪表，又称火表、电能表、千瓦小时表，也是指测量各种电学量的仪表。

2. 电度表的分类

（1）按用途可分为工业与民用表、电子标准表、最大需量表、复费率表。

（2）按结构和工作原理可分为感应式（机械式）、静止式（电子式）、机电一体式（混合式）。

（3）按接入电源性质可分为交流表和直流表。

（4）按准确等级可分为常用普通表（0.2 S、0.5 S、0.2、0.5、1.0、2.0 等）和标准表（0.01、0.05、0.2、0.5 等）。

（5）按安装接线方式可分为直接接入式和间接接入式。

（6）按用电设备可分为单相、三相三线、三相四线电能表。

二、机械式电度表的型号及其含义

1. 电度表型号

电度表型号是用字母和数字的排列组成的，内容如下：类别代号＋组别代号＋设计序号＋派生号。如常用的家用单相电度表：DD862－4型、DDS971型、DDSY971型等。

2. 电度表型号的含义

（1）类别代号　D—电度表。

（2）组别代号　表示相线：D—单相；S—三相三线；T—三相四线。表示用途的分类：D—多功能；S—电子式；X—无功；Y—预付费；F—复费率。

（3）设计序号　用阿拉伯数字表示。每个制造厂的设计序号不同，如长沙希麦特电子科技发展有限公司设计生产的电度表产品备案的序列号为971，正泰公司的为666等。综合上面几点：

DD——表示单相电度表：如DD971型、DD862型。

DS——表示三相三线有功电度表：如DS862、DS971型。

DT——表示三相四线有功电度表：如DT862、DT971型。

DX——表示无功电度表：如DX971、DX864型。

DDS——表示单相电子式电度表：如DDS971型。

DTS——表示三相四线电子式有功电度表：如DTS971型。

DDSY——表示单相电子式预付费电度表：如DDSY971型。

DTSF——表示三相四线电子式复费率有功电度表：如DTSF971型。

DSSD——表示三相三线多功能电度表：如DSSD971型。

（4）基本电流和额定最大电流　基本电流是确定电度表有关特性的电流值，额定最大电流是仪表能满足其制造标准规定的准确度的最大电流值。如5（20）A即表示电度表的基本电流为5 A，额定最大电流为 20 A，对于三相电度表还应在前面乘以相数，如 3×5（20）A。

（5）参比电压　参比电压是指确定电度表有关特性的电压值。

对于三相三线电度表以相数乘以线电压表示，如 3×380 V。

对于三相四线电度表则以相数乘以相电压或线电压表示，如 3×220/380 V。

对于单相电度表则以电压线路接线端上的电压表示，如 220 V。

三、主要技术指标

1. 稳定准确，性能可靠。

2. 准确度等级：1.0 级，符合 GB/T 17215—1998、IEC 1036—1996。

3. 电流规格：2.5（10）A，5（20）A，5（30）A，10（40）A，20（80）A。

4. 电表常数：6 400 imp/kW・h，3 200 imp/kW・h，1 600 imp/kW・h。

5. 额定电压：AC220 V。

6. 额定频率：50 Hz。

7. 启动电流：0.4%I_b。

8. 字轮位数：6 位（含 1 位小数）。

9. 功耗≤0.6 W。

10. 环境工作条件：−20～55℃，相对湿度不超过 85%（温度+25℃）。

11. 抗电磁干扰能力强，可在恶劣电力环境下运行。

12. 强化工艺控制，独特工艺保证，高可靠性设计。

四、电度表的接线方法

1. 单相电度表的接线方法

在低压小电流线路中，电度表直接接在线路上，如图 2—13a 所示。在低压大电流线路中，必须用电流互感器将电流变小，其接线如图 2—13b 所示。

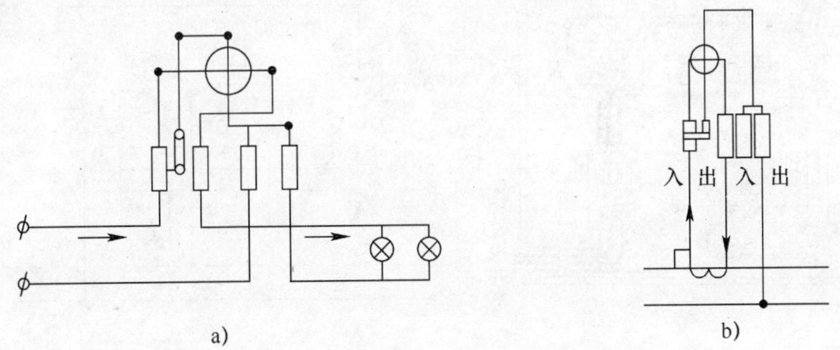

图 2—13　单相电度表原理接线图
a）直接连线　b）经电流互感器连线

2. 三相电度表的接线方法

低压三相四线制线路中，常用三元件的三相电度表。若线路上负载电流未超过电度表的量程，可直接接在线路上，其接线如图 2—14a 所示。若负载电流超过电度表量程，须用电流互感器将电流变小。其接线如图 2—14b 所示。

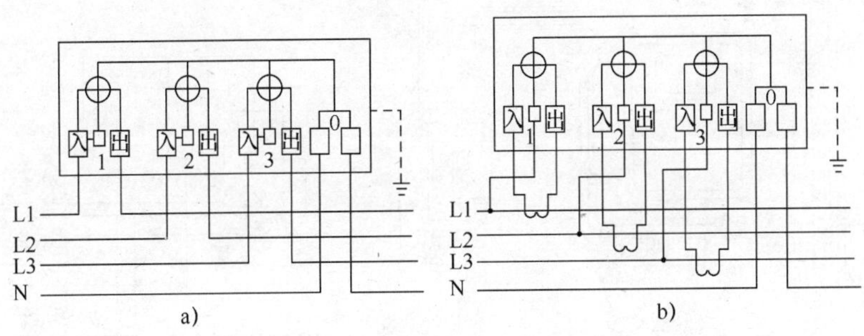

图 2—14　三相电度表原理接线图
a）直接连线　b）经电流互感器连线

3. 经电流互感器的三相四线制电度表的接线图

间接式三相四线制电度表接线如图 2—15 所示。

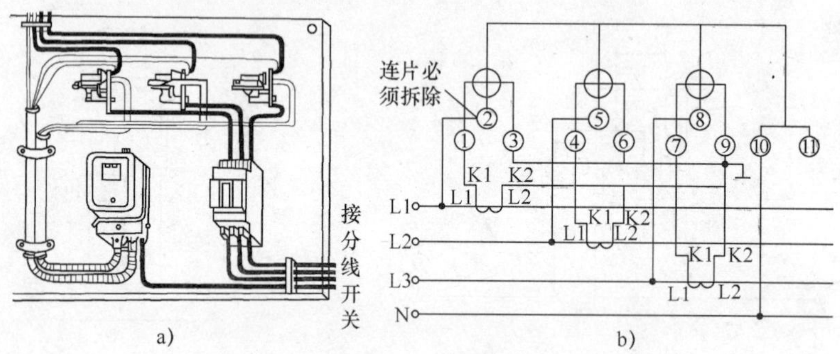

图 2—15　间接式三相四线制电度表的接线图

a）接线外形图　b）接线原理图

4. 经电流互感器的三相三线制电度表的接线

三相三线制电度表间接接线如图 2—16 所示。

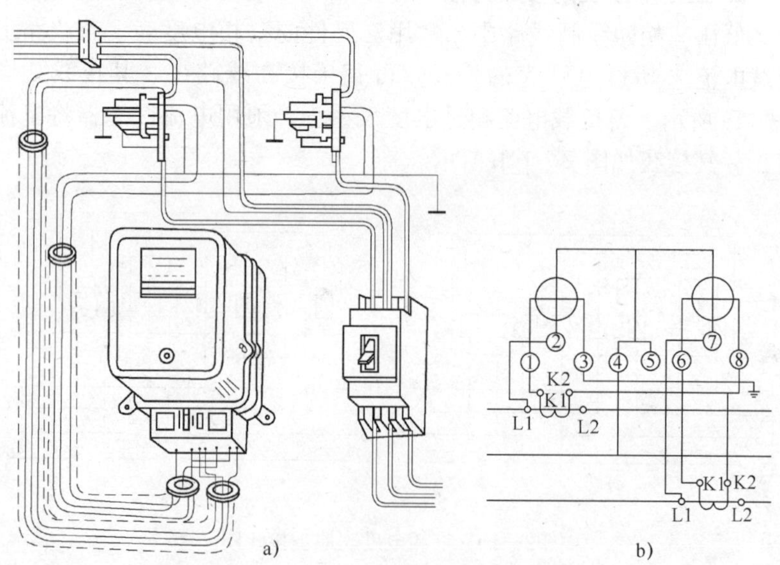

图 2—16　三相三线制电度表间接接线图

a）接线外形图　b）接线原理图

操作训练

1. 观察电能表潜动

按图 2—17 接线。然后断开电流回路，使负载电流为零。调节调压器的输出电压为电能表电压的 80%～110%。观察电能表有无潜动。

2. 使用秒表、功率表校验单相电能表

按图 2—18 接线，认真检查线路。记录电能表铝盘转［10 圈］所需要的时间 t 和功率表的指示值 P，并且计算电能表的相对误差 γ 和电能表铝盘转［10 圈］所需要的理论时间 T。

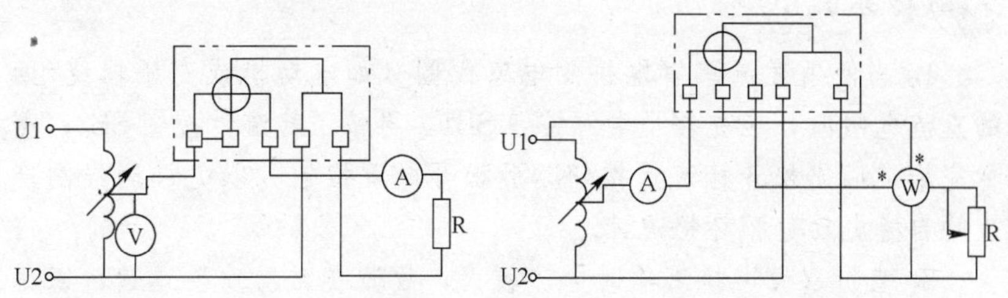

图 2—17　电能表潜动接线图　　图 2—18　校验单相电能表

$$T=3.6\times10^{6}\ \frac{N}{CP}$$

式中，N 为电能表铝盘转数；C 为电能表常数，单位为 r/kW · h；功率表的指示值 P 的单位为 W；则计算出时间 T 的单位为 s。

电能表的相对误差　$\gamma=\frac{T-t}{T}\times100\%$

3. 观察电能表铝盘的反转及启动电流

(1) 图 2—17 的实验电路中，将调压器的输出电压由零逐渐调高，同时观察电能表铝盘的转动及电流表的指示值。测量铝盘开始转动时的最小电流。

(2) 图 2—17 的实验电路中，将电能表的电流线圈反接。电压线圈的电压为 220 V，调节调压器的输出电压，使电流线圈的电流为额定电流的10%，观察铝盘反转。

作业项目6　直流单臂、双臂电桥

操作误区

禁忌1　使用电桥测量线路电阻时未切断线路电源。

禁忌2　电桥供电电池电压不足，影响测量精度。

专家提示

1. 当使用直流单臂电桥测电感线圈（如电动机或变压器绕组）的直流电阻时，应先按下电源按钮SB1，再按下检流计按钮SB2；测量完毕，应先松开检流计按钮，后松开电源按钮。以免被测线圈产生的自感电动势损坏检流计。

2. 直流双臂电桥工作时电流较大，故测量时动作要迅速，以免电池耗电量过大。

相关知识

一、直流单臂电桥

电桥是一种常用的比较式仪表，是用准确度很高的元件（如标准电阻器、电感器、电容器）作为标准量，然后用比较的方法去测量电阻、电感、电容等参数，所以电桥的准确度很高。电桥的种类很多，可分为交流电桥（用于测量电感、电容等交流参数）和直流电桥。直流电桥又分为单臂电桥和双臂电桥两种。

1. 直流单臂电桥的构造及工作原理

单臂电桥又称惠斯登电桥，是一种专门用来测量电阻值的精密仪器。图 2—19 所示为其原理图，R_X、R2、R3、R4 分别组成电桥的四个桥臂。其中，R_X 叫被测臂，R2、R3 构成比例臂，R4 叫比较臂。

当接通按钮开关 SB 后，调节标准电阻 R2、R3、R4，使检流计 P 的指示为零，即 $I_P=0$，表明电桥两端 c、d 的电位相等，故有：

$$U_{ac}=U_{ad} \qquad U_{cd}=U_{db}$$

即 $I_1R_X=I_4R_4 \qquad I_2R_2=I_3R_3$

由于电桥平衡时，$I_P=0$，则有 $I_1=I_2 \quad I_3=I_4$，代入以上两式，并将两式相除，可得

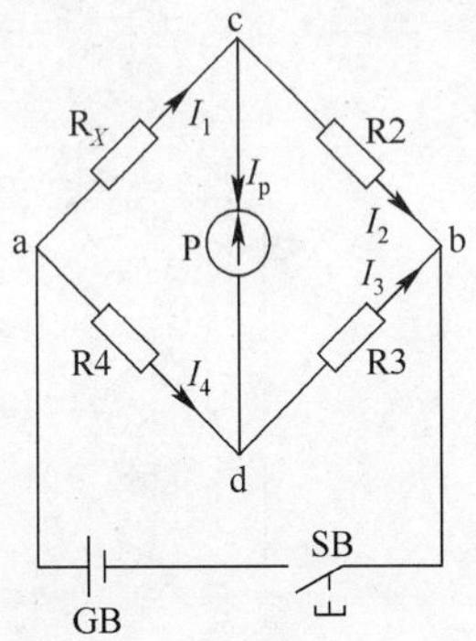

图 2—19　直流单臂电桥原理图

$$R_X/R_2=R_4/R_3$$

或
$$R_2R_4=R_XR_3 \tag{2—1}$$

即
$$R_X=\frac{R_2}{R_3}R_4 \tag{2—2}$$

式（2—1）称为电桥的平衡条件。它说明，电桥相对臂电阻的乘积相等时，电桥就处于平衡状态，检流计中的电流 $I_P=0$。

式（2—2）说明电桥平衡时，被测电阻 R_X＝比例臂倍率×比较臂读数。

显然，提高电桥准确度的条件是：（1）标准电阻 R2、R3、R4 的准确度要高；（2）检流计的灵敏度也要高，以确保电桥真正处于平衡状态。

2. QJ23 型直流单臂电桥简介

QJ23 型直流单臂电桥的电路图及面板如图 2—20 所示。它的比例臂 R2/R3 由八个标准电阻组成，共分为七挡，由转换开关 SA 换接。比例臂的读数盘设在面板左上方。比较臂 R4 由四个可调标准电阻组成，它们分别由面板上的四个读数盘控制，可得到从 0～9 999 Ω 范围内的任意电阻值，最小步进值为 1 Ω。

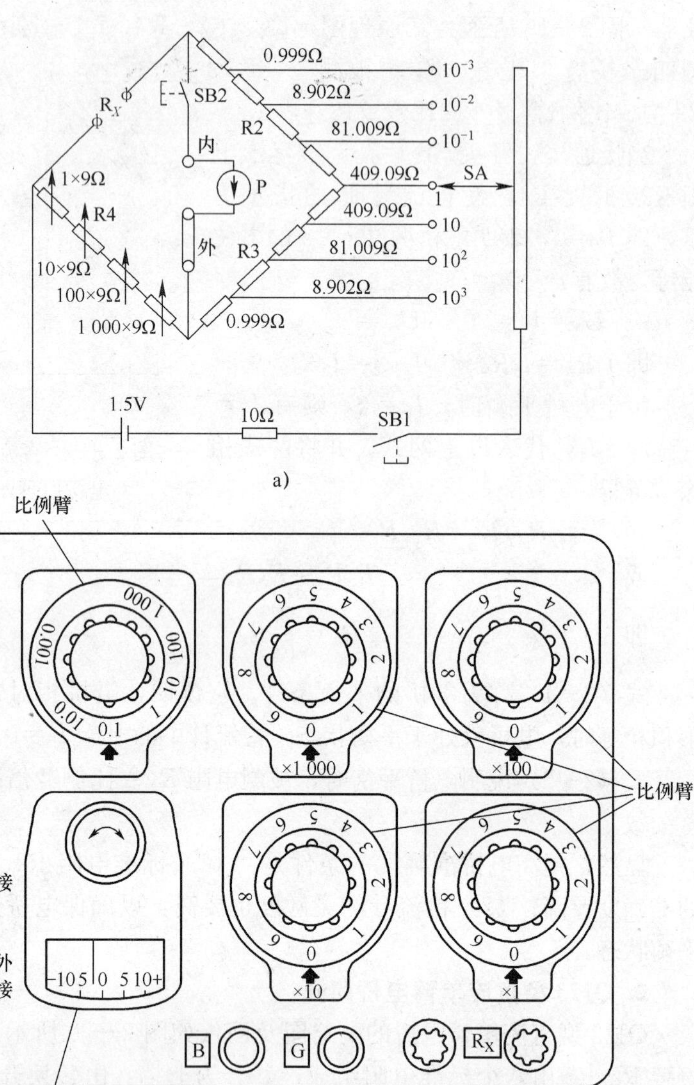

图 2—20　QJ23 型电桥内部电路与面板图

a）内部电路　b）面板图

面板上标有“R_X”的两个端钮用来连接被测电阻。当使用外接电源时，可从面板左上角标有“B”的两个端钮接入。如需使用外附检流计时，应用连接片将内附检流计短路，再将外附检流计接在面板左下角标有“外接”的两个端钮上。

3. 直流单臂电桥的使用

（1）使用前应先将检流计的锁扣打开，调节调零器使指针指在零位。

（2）接入被测电阻时，应采用较粗较短的导线，并将接头拧紧。

（3）估计被测电阻的大小，选择适当的比例臂，使比较臂的四挡电阻都能被充分利用，从而提高测量精度。

（4）电桥电路接通后，若检流计指针指向“＋”方向偏转，应增大比较臂电阻；反之应减少比较臂电阻。如此反复调节各比较臂电阻，直至检流计指针指零，电桥处于平衡状态为止。

此时，被测电阻值＝比例臂读数×比较臂读数

（5）电桥使用完毕，应先切断电源，然后拆除被测电阻，最后将检流计锁扣锁上，以防搬动过程中振坏检流计。对没有锁扣的检流计，应将按钮“G”断开，它的常闭触点会自动将检流计短路，使可动部分受到保护。

（6）发现电池电压不足应及时更换，否则将影响电桥的灵敏度。当采用外接电源时，必须注意电源的极性。将电源的正、负极分别接到“＋”“－”端钮，且不能使外接电源的电压超过电桥说明书上的规定值，否则会烧坏桥臂电阻。

二、直流双臂电桥

直流双臂电桥又称凯文电桥。和直流单臂电桥相比，它能够消除接线电阻和接触电阻对测量结果的影响，因此，直流双臂电桥是专门用来精密测量 1 Ω 以下小电阻的仪器。

1. 直流双臂电桥的结构及工作原理

直流双臂电桥如图 2—21 所示。与单臂电桥不同，被测电阻 R_X 与标准电阻 R4 共同组成一个桥臂，标准电阻 R_n 和 R3 组成另一个桥

臂，R_X和R_n之间用一阻值为 r 的导线连接起来。为了消除接线电阻和接触电阻的影响，R_X与R_n都采用两对端钮，即电流端钮 C1、C2、C_{n1}、C_{n2}，电位端钮 P1、P2、P_{n1}、P_{n2}。桥臂电阻 R1、R2、R3、R4 都是阻值大于 10 Ω 的标准电阻。R 是限流电阻。

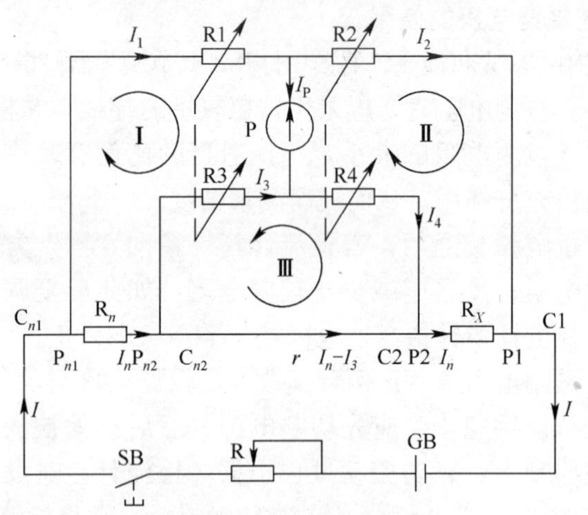

图 2—21　直流双臂电桥的原理图

调节各桥臂电阻，使检流计指零，即 $I_P=0$。则 $I_1=I_2$，$I_3=I_4$。根据基尔霍夫第二定律可写出三个回路电压方程：

对Ⅰ回路　$I_1R_1=I_nR_n+I_3R_3$

对Ⅱ回路　$I_1R_2=I_nR_X+I_3R_4$

对Ⅱ回路　$(I_n-I_3)r=I_3(R_3+R_4)$

解以上方程组求得

$$R_X=\frac{R_2}{R_1}R_n+\frac{rR_2}{r+R_3+R_4}\left(\frac{R_3}{R_1}-\frac{R_4}{R_2}\right) \tag{2—3}$$

式（2—3）表示，用双臂电桥测量电阻时，R_X由两项决定。其中第一项与单臂电桥相同，第二项称为“校正项”。为了使双臂电桥平衡时，求解R_X的公式与单臂电桥相同，必须使校正项等于零。所以，要求 $R_3/R_1=R_4/R_2$，同时使 $r\to 0$。

2. QJ103 型直流双臂电桥简介

QJ103 型双臂电桥的原理电路及面板如图 2—22 所示，四个桥臂电阻做成固定倍率形式，通过机械联动转换开关 SA 的转换，可

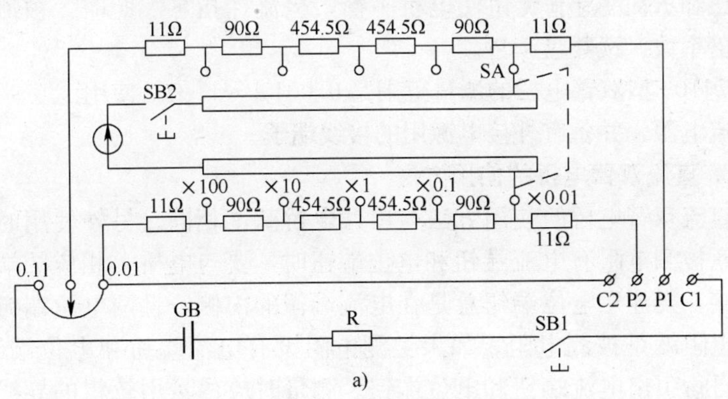

a)

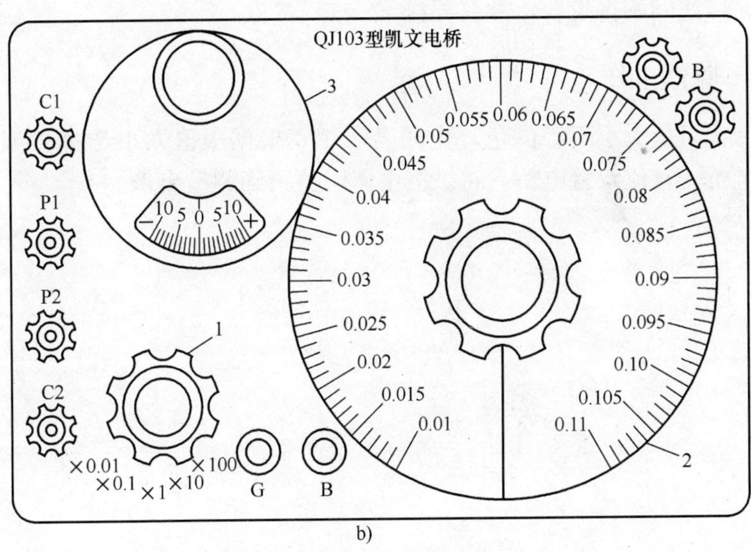

b)

图 2—22　QJ103 型直流双臂电桥

a）原理电路图　b）面板布置图

1—倍率旋钮　2—标准电阻读数盘　3—检流计

得到 $R\times100$、$R\times10$、$R\times1$、$R\times0.1$、$R\times0.01$ 五个固定倍率，并保持 $R_3/R_1=R_4/R_2$。标准电阻 R_n 的数值可在 0.01～0.11 Ω 范围内连续调节，其调节旋钮与读数盘一起装在面板上。测量时，调节倍率旋钮和 R_n 的调节旋钮使电桥平衡，检流计指零。此时，被测电阻＝倍率数×读数盘读数。

QJ103 型双臂电桥的测量范围是 0.001 1～11 Ω，使用 1.5～2 V 的直流电源，并备有外接电源用的接线端子。

3. 直流双臂电桥的使用方法

直流双臂电桥的使用方法与单臂电桥基本相同。另外使用时还应注意被测电阻有电流端钮和电位端钮时，要与电桥上相应的端钮相连接。要注意电位端钮总是在电流端钮的内侧，且两电位端钮之间的电阻就是被测电阻。如果被测电阻没有电流端钮和电位端钮，则应自行引出电流端钮和电位端钮。测量时应尽量用较粗的导线接线，接线间不得绞合，并且要接牢。

操作训练

找阻值大小不等的色环电阻若干个，根据阻值大小选择直流单臂电桥、直流双臂电桥，将被测电阻阻值精确测量出来。

工作领域三

小型变压器及电动机的安装与维护

作业项目 7　中、小型变压器的安装与维护

操作误区

禁忌 1　小型油浸变压器在安装的过程中，变压器的箱盖没有盖紧，导致外界的空气进入到油浸变压器内。

禁忌 2　在维修或安装变压器的过程中，改变了变压器原本的相序标号。

禁忌 3　电力变压器在投入使用时，没有采取相应的保护措施，如果变压器在运行中突然短路，变压器将被烧坏。

禁忌 4　在安装使用前，对变压器的容量、额定电压、额定电流没有计算好，导致变压器长期工作在过载或轻载、低负载的状态。

血的教训

◆ **事故案例**　赵某、王某系某电厂外线车间 1－8 队线路承包组员和承包组长，吕某系某电厂青石嘴变电所负责人。1983 年 10 月 8 日，赵某、吕某私自决定给某农场更换 80 kV·A 变压器。10 日上午 9 时许，赵某去农场工地前，叫车间校表员朱某给变电所打电话，让吕某去农场更换变压器。吕某在未得到工作单位的车间口头正式命令的情况下领人到现场工作。第二天

上午 9 点 40 分，吕某停电后去农场工作，12 时左右正在高压杆上作业的赵某对农场车队李某说：“你们把那边的引线（高压分支引线）剪掉”。在场的王某也说剪掉。李某回答：“那个杆子我们做不了主，等请示场部后再说，先把我们房后的线剪掉吧。”在赵某、王某默许下，李某派工人崔某去车队房后剪高压引线。崔某走后，赵某在高压杆上干完活下来，和李某抽了半支烟后，便对王某和吕某提出送电，吕、王同意，赵某即骑摩托车去送电。赵某走后，王某问李某：“你派的那个人去了没有?”李某答：“已经去了一会儿”。王某说“坏了，已经送电了”。李某立即在墙上喊人，通知崔某不要爬，王某也翻墙朝车队跑去。这时，崔某已从高压杆上触电摔下来，经抢救无效死亡。

◆ **事故原因分析**　一是不执行规章制度。赵某、吕某、王某违反《电业安全工作规程》中电力线路部分有关规章制度，不经请示批准，私自决定更换变压器，是造成这起事故的重要原因。二是违反作业程序。在施工现场送电时，被告不执行作业规范程序，没有认真检查各工序和人员情况，而是思想麻痹，安全观念淡薄，是造成崔某触电死亡的直接原因。

专家提示

1. 油浸式变压器，变压器油与空气接触面积大，油会因此氧化变质，渗入水分而降低绝缘性能。另外，容量较大的变压器油箱不能封死，若将油箱封死，因变压器运行时产生热量，使变压器内部温度升高，油箱内部产生大量的气体，内部压力迅速升高，当压力达到一定限度后，会使油箱爆裂，造成重大事故。

2. 变压器的高、低压侧有不同的标号，这些符号就是相序标号，如果改变相序，连接组别也因此改变。当两台变压器并联运行时，若将其中一台变压器相序标号随意改动，变压器的组别也相应变动；当两台组别不同的变压器并列运行时，变压器二次侧将出现很大的电位差，使变压器二次侧产生高出额定电流几倍的循环电流。这个环流可使变压器保护继电器动作而合不上闸或绕组很快发热甚至烧坏，所以变压器的标号不能随意改变。

3. 电力变压器的选择不是容量越大越好，但也不能只顾降低成本选择太小的容量。正确的选配原则是变压器的容量能够得到充分的利用，而又不工作在过载状态。一般情况下，变压器所带负载应为其额定容量的75%～90%。

4. 变压器在运行时，突然短路，这时产生的大电流流过变压器一、二次绕组，一方面产生一个很大的电磁力作用在绕组上，使变压器绕组发生严重畸变或崩裂而损坏；另一方面也会产生高出允许温升几倍的温度，致使变压器在很短的时间内烧毁。因此，电力变压器应采取相应的保护措施，一旦出现短路事故，保护装置立即动作，切断电源，保护变压器的安全。

5. 变压器如果长期工作在空载和轻载的情况下，功率因数较低，运行效率低，因此不应长期工作在空载和轻载的情况下；变压器如果长期工作在过载的情况下，会使温度增高，加速绝缘的老化，降低使用寿命。

相关知识

一、变压器安装

1. 基础校验

用J2经纬仪配合测量工具校核主变基础及轨道。轨道水平误差应不超过3～5 mm，轨面对设计标高误差不得超过+5 mm，位于瓦斯继电器一侧的钢轨按轨距长度比应高1%～1.5%（厂家有说明要求轨道不必设坡度者除外）。

(1) 附件清扫检查　变压器在安装就位之前，首先应对其附件进行清扫和检查，检查内容包括：散热器用 0.7 kq/cm^2 压力的变压器油进行检查，持续 30 min 应不渗油。

1) 油循环风冷却器检查　用 2.5 kq/cm^2 压力的变压器油进行检查，持续 30 min 应无泄漏并清理检查油泵是否完好。检查流动继电器接点动作情况和密封情况；冷却器上净油器滤网是否完好，并应安装在出油侧；还要对控制箱进行检查，查看部件是否完好，接线是否正确等。

2) 风扇检查　仔细检查有无裂纹，接线盒应完好。

3) 储油柜、安全气道、净油器等吸湿器等附件检查储油柜可注入变压器油清洗，同时检查焊缝有无渗漏；吸湿器主要检查内部硅胶是否受潮（硅胶受潮后变为透明体，不受潮是乳白色），如果受潮必须重新装入合格的硅胶，或采用干燥方法（将硅胶放进 3%的氯化钴溶解液中，完全浸透直到硅胶呈粉红色为止，最后将浸好的硅胶放在烘箱中进行干燥，待硅胶转为蓝色为止）。

4) 瓷套管清扫检查　首先清点零件是否齐全，检查瓷套有无损坏，接线桩头应用细纱布擦去氧化层，高压套管首先用蘸汽油的布清洗表面污垢，再用酒精除去金属都分的油污，瓷套不应有裂纹和损坏，竖直放置三天后检查有无渗漏现象，套管检查完毕，要做油化及介损试验和耐压试验。在进行完附件清扫、检查和吊芯检查之后，即可进行主变附件安装。

(2) 主变就位　将变压器本体拖至基础上，核对变压器的中心位置，当符合设计要求时，便可用止轮器将变压器固定，规程规定变压器安装应沿气体继电器侧有 1%～1.5%的升高坡度，其目的是使油箱内产生的气体易于流入气体继电器，大型变压器有的生产厂家在生产过程中已考虑了这个问题，在主变就位安装时无须考虑这个问题（变压器运输到现场后才可进行此项工作）。

(3) 吊芯检查　变压器经过运输，芯部常因振动和冲击使螺钉松动或脱落，胶木螺钉常会折断，穿芯螺钉亦可能因受损伤而降低绝缘程度，铁心位移，其他零件脱落等，为此必须检查变压器内部的芯体。芯体检查分为两种：对中小型变压器采用吊芯检查，大型变压器由于芯部起吊重量很大均采用吊罩检查。

1）根据施工经验，有的只要满足下列条件，也可不进行吊芯检查。

● 制造厂有特殊规定不必作清芯检查的变压器。

● 容量在 1 000 kV·A 的变压器，在运输过程中无异常情况。

● 当地生产只作短途运输，且在运输中进行了有效的监督；无紧急制动、剧烈振动、冲撞等。

● 对不吊芯的变压器，还可在放油压后派人进入内部检查。

2）吊芯前的准备工作

● 编制吊芯技术措施，并进行技术交底和人员分工。

● 注意和气象部门联系，选择晴天；大风天气、雨雪天不宜吊芯，0℃以下天气不允许吊芯。

● 根据起吊重量，选择起吊机械。起吊机械应有足够的起吊高度，而且制动装置应良好，升降速度要慢且稳，钢丝绳等工具检查合格。

● 准备好吊芯检查时使用的工具和有关资料，并逐一登记，计好数量；扳手上系一白纱袋、塑料布、白布等。

● 吊芯人员应做好组织分工，统一指挥，各负其责。

3）吊芯检查的步骤

● 首先用滤油机抽油，速度越快越好，当油放到铁心顶部以下时，即可开始工作。拆去盖板，观察内部情况，记下分接开关位置并刻上标记，拆下无载分接开关转动部分，有载调压开关按说明书的方法进行。先经抽油管抽完调压开关油箱中的油，打开顶盖，拆去压板和密封件，油放至齿轮盒下时，打开观察孔，用白纱布拴住绝缘轴，然后拆下齿轮盒，取出绝缘轴，拆开钟罩与芯部的联系物件等。如果为吊罩式检查，需待油抽到钟罩底部为止，方可拆卸钟罩。

●放尽以后，即可拆卸油箱盖上部油箱的全部螺栓，系上起吊千斤，起吊点在专用的耳环上或吊耳上，必要时用人力牵引作为导向用。

●如果是带吊罩检查芯体，先取下低压套管和有载调压开关，然后拧下大盖的钟罩螺栓，用足够起吊重量的钢丝绳在专用的耳环上缓慢起吊，在四周螺孔内，由上至下穿圆钢四根，并做好记录(如距离和尺寸)，以便回装。同时四面打上缆封，以保证起吊过程中芯体不受损伤，在起吊 100 mm 后，暂停起吊，一边稳定钟罩，一边检查起吊中心、重心和千斤受力情况，一切正常后继续起吊，直至钟罩超过器身高度，转动吊车将钟罩放在干净的枕木上。

4）吊芯检查内容

●检查人员不得携带钥匙、硬币、打火机等杂物，以免掉入变压器内，使用的工具事后必须清点归还，穿戴干净无金属的衣服。

●所有螺栓应紧固，防松措施良好，胶木螺栓应良好，拧紧时不要用力过大，短小或损坏的螺栓要及时加工配制，器身如有移位，应恢复到原中心位置。

●铁心无损伤变形，接地良好。

●检测穿芯螺栓杆与铁心，铁轭方铁与铁轭之间的绝缘情况，打开夹件与线圈压板的连线；检查压钉是否绝缘。

●线圈的绝缘层应完整无损，各绕组应拼列整齐，间隙均匀，油路无堵塞，绕组的压钉应紧固，防松螺母应锁紧。

●引出线绝缘包扎牢固，无破损、拧弯现象。

●无载调压装置各接头与线圈的连接应紧固正确，各分接头应清洁，接触紧密、弹力良好，所接触到的地方用 0.05 mm×10 mm 塞尺检查，应塞不进去；转动接点位置正确并与指示器位置一致，转动盘动作灵活，密封良好。有载调压装置的切换开关触头应接触良好，铜编织线完整无损，装置油箱密封良好。如在吊芯检查中发现问题，随时记录，及时处理，处理不当的问题，应通知厂家来人处理。

2. 变压器安装

变压器安装包括分接开关安装。升高座的安装，套管安装，隔膜式储油柜及油位安装，冷却器安装，气体继电器、吸湿器及净油器安装，温度计的安装。

（1）分接开关安装　当变压器吊芯完毕，钟罩复装后可安装分接开关，安装时一定要对准拆卸时做的标记。开关转动要灵活无卡阻，转动处应加适当的润滑油，在整个安装过程中应按制造厂说明书进行。其油箱与变压器油箱应隔离，注入的绝缘油其绝缘强度要符合产品的技术要求，指示器安装好后，应动作指示正确，切换装置的工作顺序应符合产品出厂要求，其在极限位置时，机械联锁与极限开关的电气联锁动作应正确。

（2）升高座安装

1）升高座安装前，应先完成电流互感器的试验，出线端子板应绝缘良好，连接螺栓和固定件的垫块应紧固，端子板应密封良好，无渗油现象。

2）安装时，电流互感器铭牌面向油箱外侧，放气塞位置应在升高座最上部。

3）电流互感器和升高座的中心应一致。

4）绝缘筒应安装牢固，其安装位置不应使变压器引出线与其他部件相碰。

（3）套管安装

1）套管安装速度要慢且均匀。制动要好。

2）套管顶部结构的密封垫应安装正确，密封应良好，连接引线时，不应使顶部结构松扣。

3）套管油标应朝向外侧。

（4）隔膜式储油柜及油位计安装

1）储油柜安装前，应清洗干净，隔膜应清洁无损，重新装入柜后拧紧气塞，经继电器联管蝶阀充 19.6 kPa 压力的气体，持续 30 min 后应无漏现象。

2）先将铁磁油位计伸入柜中，其连杆用绳绑在柜顶内壁的钩环上，但不与隔膜相连。按电路图引出高低油位报警信号。

3）待变压器真空注油后安装气体继电器，并从油箱上的油门或柜上的油管注油至正常位置。

4）变压器注满油静置结束后，再从视察窗打开隔膜上的放气塞、有油溢出后再正式把连杆与隔膜相连；铁磁式油位计安装时可用手继续将隔膜上下移动多次，检查表针的转动，刻度为 0 和 10 的最低、最高油位报警应正确。

5）考虑储油柜吊装时，易与高压套管发生碰撞，所以在安装时应在套管安装之前，将储油柜吊装就位。

（5）冷却器安装　管式散热器和强迫油循环风冷却器安装时，先将蝶阀全部关闭，然后将连接法兰的临时封闭板拆掉。由起重机把设备吊起，再分别将上下法兰螺栓拧紧，注意橡皮圈不要遗漏。如果尺寸稍有误差，应以上部法兰为准，下部用撬棍等把法兰拨正。强迫风冷器还要装上潜油泵和净油器及控制箱。净油器内应装上干燥的活性氧化铝，安装时一定要遵循厂家标注的箭头方向。流动继电器是冷却器的保护装置，装于潜油泵出口联管上，轴向应保持水平，继电器各个连接面都用耐油橡胶环密封，密封一定要严密，此外，还应注意接线的正确性。将检查好的风扇一一装上，连接电缆要用有封油性能的塑料电缆，并穿于金属蛇皮软管内。电缆用卡子固定于焊接在油箱上的小支架上。接线完毕，通电试转时，观察其转向，管式散热器风扇的风向是朝上的；强迫风冷器的风扇吹风方向朝向冷却器。强油风冷却器的各组都应用油漆标出显著的编号。指定作为“备用”的冷却器，应该是没有装净油器的，以避免逆流。

（6）气体继电器、吸湿器及净油器安装

1）气体继电器经检验整定后便可安装，安装时要水平，壳体标明箭头方向应指向储油柜。

2）吸湿器安装时，其中装的应是干燥的变色硅胶，下部油杯里要加注适量的变压器油，让空气先经过油。但胶囊式储油柜的吸湿器油杯内的油应不装或少装，以便于胶囊的呼吸。

3）净油器的安装，要把干燥的吸附剂硅胶或活性氧化铝装入罐内。安装好后，打开连接蝶阀将油注入，同时旋开上部放气塞放完空气，直到油溢出即空气排尽，便拧紧放气塞，将连接阀关闭，净油器的投入要视运行中变压器油质情况而定。

（7）温度计安装

温度计的测温包装于油箱顶上，中间有很长的毛细导管，金属毛细导管的弯曲半径不能小于 50 mm，不得压扁或急剧扭曲，并要采取保护措施。

3. 注油

变压器油经简化试验，混合试验合格后，电气强度值符合电压等级要求，便可注油。

（1）变压器注油最好采用真空注油，如果条件不具备，110 kV 及以下变压器可以采用非真空注油。注入油的温度最好高于器身温度，并且最低不得低于 10℃，以防止凝结。真空注油时间最好不要少于 6 小时，因为适当控制流量，可使真空维持在一定值，有利于气体和水分抽出。

（2）真空注油时，由于胶囊（或隔膜）及安全气道隔膜机械强度不够，容易损坏，因此真空注油时储油柜应予以隔离，取下安全气道隔膜，临时用铁板封闭。

（3）注油时应从下部油阀进油，便于气体排出，但是加注补充油时应通过储油柜加入，以免引起局部绝缘降低或误动作。油应加到稍高于规定油位处，因要考虑到油的充填空隙缘故，还要观察油表指示是否正确，与实际油位是否相符。注油完毕，应对油箱，套管、升高座，气体继电器，散热器（冷却器）及安全气道等处进行多次排气，还可开启强迫油循环冷却装置使油流动，加快排气，直至排尽为止。

4. 变压器安装危害辨识、风险评价

（1）变压器安装危害辨识及风险评价见表 3—1。

表 3—1　变压器安装危害辨识及风险评价

编号	危害性（事故）事件	风险等级	不可承受	减风险措施
1	变压器碰撞造成损坏	Ⅲ	否	变压器在运输过程中，四面要用绳索固定牢靠
2	人员伤害	Ⅲ	否	充氮变压器、电抗器未经充分排氮，严禁工作人员入内，充氮变压器注油时，任何人不得在排气孔处停留
3	触电、损坏设备	Ⅲ	否	大型油变压器、电抗器在放油及滤油过程中，外侧及各侧绕组必须可靠接地
4	人员受伤	Ⅲ	否	变压器、电抗器吊芯检查时，不得将芯子叠放在油箱上，应放在事先准备好的干净支垫物上，在放松起吊绳索前，不得在芯子上进行任何工作
5	外罩碰及芯部任何部位，使设备损坏	Ⅲ	否	变压器、电抗器在吊罩检查时，吊罩四周应设专人监护
6	工具及杂物遗留在器内，发生事故	Ⅲ	否	变压器、电抗器在吊芯或吊罩检查时，必须起落平稳，进行变压器、电抗器内部检查时，通风应良好，并设专人监护。工作人员应穿无纽扣、无口袋的工作服，带入的工具必须拴绳、登记、清点
7	高空坠落	Ⅲ	否	检查大型变压器、电抗器芯子时，应搭设脚手架，严禁攀登引线木架上下

续表

编号	危害性（事故）事件	风险等级	不可承受	减风险措施
8	爆炸	Ⅱ	是	储油和油处理现场必须配备足够的消防器材，必须制定明确的消防责任制，10 m 范围内不得有火种及易燃易爆物
9	触电事故	Ⅲ	否	采用短路干燥时，线路应连接可靠，其外侧及各侧绕组必须可靠接地

（2）危害性事件严重性等级划分见表 3—2。

表 3—2　　危害性事件严重性等级划分

严重等级	等级说明	事故后果说明
Ⅰ	灾难性的	人员死亡或系统报废
Ⅱ	严重的	人员严重受伤，严重职业病或系统严重损坏
Ⅲ	轻度的	人员轻度受伤，轻度职业病或系统轻度损坏
Ⅳ	轻微的	人员伤害程度和系统损坏程度都轻于Ⅲ级

5. 记录

（1）施工原始记录。

（2）施工安全技术交底记录。

二、变压器的常见故障分析及维护措施

变压器是电力系统的重要设备，其状态好坏直接影响电网的安全进行。由于变压器在设计、制造、安装和进行维护等方面原因使绝缘存在缺陷，抗短路能力降低，因此近年来主变的事故较多，其中威胁安全最严重的为绕组局部放电性故障。根据国家电力公司对2001 年全国 110 kV 及以上主变事故的调查，得知绕组的事故占总事故台数的 74.6%（福建省网为 80%）。因此，确保变压器安全运

行极其重要。

1. 变压器常见故障分析

多种因素都可能影响绝缘材料的预期寿命，负责电气设备操作的人员应给予细致地考虑。这些因素包括：雷击、线路涌流、工艺制造不良、绝缘老化、过载、受潮、维护不良、破坏及故意损坏、连接松动。

(1) 雷击　雷电波近来比以往的研究要少，这是因为改变了对起因的分类方法。现在，除非明确属于雷击事故，一般的冲击故障均被列为“线路涌流。”

(2) 线路涌流　线路涌流（或称线路干扰）在导致变压器故障的所有因素中被列为首位。这一类中包括合闸过电压、电压峰值、线路故障/闪络以及其他输配（T&D）方面的异常现象。这类起因在变压器故障中占有显著比例。事实表明，必须在冲击保护或对已有冲击保护充分性的验证方面给予更多的关注。

(3) 工艺/制造不良　仅有很小比例的故障归咎于工艺或制造方面的缺陷。如出线端松动或无支撑、垫块松动、焊接不良、铁心绝缘不良、抗短路强度不足以及油箱中留有异物。

(4) 绝缘老化　在造成故障的起因中，绝缘老化列在第二位。由于绝缘老化的因素，变压器的平均寿命仅有 17.8 年，大大低于预期为 35～40 年的寿命。在 1983 年，发生故障时变压器的平均寿命为 20 年。

(5) 过载　这一类包括了确定是由过负荷导致的故障，仅指那些长期处于超过铭牌功率工作状态下的变压器。过负荷经常会发生在发电厂或用电部门持续缓慢提升负荷的情况下。最终造成变压器超负荷运行，过高的温度导致了绝缘的过早老化。当变压器的绝缘纸板老化后，纸板强度降低。因此，外部故障的冲击力就可能导致绝缘破损，进而发生故障。

(6) 受潮　受潮这一类别包括由洪水、管道渗漏、顶盖渗漏、水分沿套管或配件浸入油箱以及绝缘油中存在水分。

（7）维护不良　维护不良被列为第四位导致变压器故障的因素。这一类包括未装控制或装的不正确、冷却剂泄漏、污垢淤积以及腐蚀。

（8）破坏及故意损坏　这一类通常确定为明显的故意破坏行为。

（9）连接松动　连接松动也可以包括在维护不足这一类中，但是有足够的数据可将其独立列出，因此与以往的研究也有所不同。这一类包括了在电气连接方面的制造工艺以及保养情况，其中的一个问题就是不同性质金属之间不当的配合，尽管这种现象近几年来有所减少；另一个问题就是螺栓连接间的紧固不恰当。

2. 变压器维护

根据以上统计分析结果，用户可制订一个维护、检查和试验的计划。这样不但将显著地减少变压器故障的发生以及不可预计的电力中断，而且可大量节约经费和时间。因为一旦发生事故，不仅修理费用以及停工期的花费巨大，重绕线圈或重造一台大型的电力变压器更需要 6～12 个月的时间。因而，一个包括以下建议的良好维护制度将有助于变压器获得最大的使用寿命。

（1）安装及运行　确保负荷在变压器的设计允许范围之内。在油冷变压器中需要仔细地监视顶层油温；变压器的安装地点应与其设计和建造的标准相适应。若置于户外，确定该变压器适于户外运行；保护变压器不受雷击及外部损坏危险。

（2）对油的检验　变压器油的介电强度随着其中水分的增加而急剧下降。油中万分之一的水分就可使其介电强度降低近一半。除小型配电变压器外，所有变压器的油样应经常作击穿试验，以确保正确地检测水分并通过过滤将其去除。

应进行油中故障气体的分析。应用变压器油中 8 种故障气体在线监测仪，连续测定随着变压器中故障的发展而溶解于油中气体的含量，通过对气体类别及含量的分析则可确定故障的类型。每年都应作油的物理性能试验，以确定其绝缘性能，试验包括介质的击穿强度、酸度、界面张力等。

（3）经常维护　保持瓷套管及绝缘子的清洁；在油冷却系统中，

检查散热器有无渗漏、生锈、污垢淤积以及任何限制油自由流动的机械损伤；保证电气连接的紧固可靠；定期检查分接开关。并检验触头的紧固、灼伤、疤痕、转动灵活性及接触的定位；每 3 年应对变压器线圈、套管以及避雷器进行介损的检测；每年检验避雷器接地的可靠性。接地必须可靠，而引线应尽可能短。旱季应检测接地电阻，其值不应超过 5 Ω；应考虑将在线检测系统用于最关键的变压器上。目前市场上有多种在线检测系统，供应商将不同的探测器与传感器加以组装，并将其与数据采集装置相连，同时提供了通过调制解调器实现远距离通信的功能。美国 SERVERON 公司 TrueGas 油中 8 种故障气体在线监测仪就是极好的选择。此系统监测真实故障气体含量，结合“专家系统”诊断将无害情况与危险事件加以区分，保证变压器的安全运行。

操作训练

掌握绕制小型变压器的步骤和方法

1. 训练内容及要求

（1）拆除变压器铁心。

（2）拆除绕组，记录一、二次绕组匝数、导线线径、绝缘情况。

（3）裁剪绝缘纸。

（4）根据原绝缘材料的种类及绝缘等级，选择绝缘纸，并按原尺寸裁剪绝缘纸。

（5）手工绕制一、二次绕组，要求线圈平整，绕制方向一致，匝数正确。

（6）采用交叠片组装铁心。

（7）测量空载电压及空载电流，应满足要求。

2. 操作要点及注意事项

（1）拆除过程中尽量不要损伤铁心，拆除过程中变形的铁心要修复平整。

（2）装配时，铁心不能有毛刺，以免损伤绝缘。

作业项目2　电动机的安装与维护

 操作误区

禁忌 1　三相感应电动机定子绕组出线端接错。

禁忌 2　三相感应电动机长期在欠压状态运行；三相感应电动机缺相启动运行。

血的教训

◆**事故案例**　某队于 2006 年 8 月 12 日早班班前会布置钳工组调整泵房 2 号水泵间隙，由班长李某带赵某等几个人负责调整间隙，赵某等人把所需要的工具、材料都放入工具包，坐人车到水泵房，开始拆卸 2 号水泵端盖，休息时，赵某就手摸着正运转的水泵电动机风罩准备坐下，手指头正好碰到电动机叶片上，把中指碰伤，顿时鲜血流了出来，造成中指受伤。

◆**事故原因分析**　一是赵某安全意识淡薄，在准备坐下休息时，选择位置不当，没有看清楚电动机正在运转，就用手扶水泵电动机风罩，致使电动机风叶伤手，是造成事故的直接原因；二是李某身为班长，没有抓好现场的安全管理，导致赵某在工作间隙休息时手扶错位置受伤，是造成事故的间接原因；三是一同工作的几个工友，没有及时发现并提醒赵某，是造成事故的间接原因。

专家提示

1. 电动机不允许欠压运行，当电网电压降低时，电动机的电磁

转矩随着电压成平方关系下降。电源电压下降后，为保持电磁转矩与负载的阻力转矩相平衡，将迫使转子电流急剧增大，轻者缩短电动机的使用寿命，重者烧毁电动机。

2. 电动机绕组中，线圈之间及线圈与引出线之间电气连接点应防止接触不良。若这种接点松动，接触电阻就会增加，发热就越严重，如此恶性循环，直至接点处金属熔化烧断，这一过程中，伴有电火花产生，烧毁绝缘材料，造成短路，甚至发生触电事故。

3. 容量较大的电动机不宜直接启动。电动机容量越大，启动电流越大，在电动机启动的瞬间会使电网电压降低，会影响在同一电网电压下工作的其他电动机和电气设备正常工作，因此一般电动机的启动电流不超过变压器额定电流的20%～30%时，可以直接启动，否则应采取措施限制启动电流。

4. 电动机不允许缺相启动和运行。电动机电压出现缺相时，虽然电动机仍然可以运行，但电动机的输出能力降低，在不减轻负载的情况下，会使电动机电流增大，从而使电动机温升升高，不能正常运行，长时间将会烧毁电动机。

5. 电动机绝缘电阻不允许低于规定值。若电动机的绝缘电阻值低于规定值，在运行过程中电动机温升过高有可能造成绝缘击穿，使电动机外壳带电。

相关知识

一、电动机的基本概念

1. 绝缘等级

绝缘等级分为B级、F级、H级，温升限值分别是：80 K，105 K，125 K。

2. 防护等级

防护等级为IPXX。

第一位：防止人体触及或接近壳内带电部分和触及壳内转动部件（光滑的旋转轴和类似部件外），以及防止固体异物进入电动机。防护等级共分为 6 个等级：

1 代表：防>50 mm 的固体进入；

2 代表：防>12 mm 的固体进入；

3 代表：防>2.5 mm 的固体进入；

4 代表：防>1 mm 的固体进入；

5 代表：防尘电动机；

6 代表：尘密型电动机。

第二位：表示防止由于电动机进水而引起的有害影响。防护等级共分 9 个等级：

0 代表：无专门防护；

1 代表：防垂直滴水应无有害影响；

2 代表：15 度以内滴水电动机无有害影响；

3 代表：防淋水电动机（与垂直线成 60°范围内的淋水应无有害影响）；

4 代表：防溅水电动机（承受任何方向的溅水应无有害影响）；

5 代表：防喷水电动机（承受任何方向的喷水应无有害影响）；

6 代表：防海浪电动机（承受猛烈的海浪冲击或强烈喷水时，电动机的进水量应不达到有害的程度）；

7 代表：防浸水电动机（浸入规定压力的水中经规定时间时，电动机的进水量应不达到有害的程度）；

8 代表：潜水电动机（能长期潜水，电动机的进水量应不达到有害的程度）。

3. 冷却方式

常用的冷却方式为：IC410（无风扇自冷电动机），IC411（带风扇自冷却电动机），IC416（带冷却风机的强迫冷却电动机）。

4. 安装方式

常用的安装方式包括：B3、B5、B35、V1、V3 等。表 3—3 为几种安装方式的样例。

表 3—3　　常用的安装方式

机座号 Frame NO	基本安装结构 Basic			派生的安装形式 Variations								
				采用 B5 型 Based on B5		采用 B3 型 Based on B3					采用 B35 型 Based on B35	
	B3	B5	B35	V1	V3	V5	V6	V8	V6	V7	V15	V36
	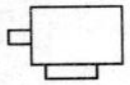	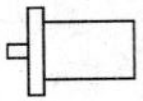	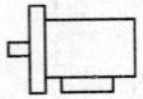	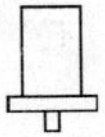	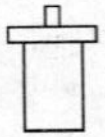	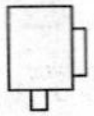	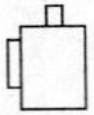	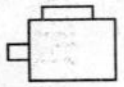	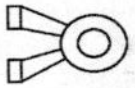	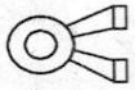	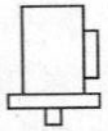	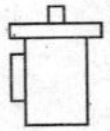
Y80 - 160	√	√	√	√	√	√	√	√	√	√	√	√
Y180 - 225	√	√	√	√	—	—	—	—	—	—	—	—
Y250 - 280	√	—	√	√	—	—	—	—	—	—	—	—
Y315	√	—	√	√	—	—	—	—	—	—	—	—
Y355	√	—	√	√	—	—	—	—	—	—	—	—

二、电动机使用维护须知

电动机日常维护检查的目的是：及早发现设备异常状态，及时进行处理，防止事故扩大。具体检查项目如下：

1. 外观检查

（1）靠视觉可以发现下列异常现象

1）通过外观察看，可以发现电动机外部零部件有无磨损、油污、粉尘和腐蚀现象。

2）电动机是否有接触点变色、冒烟等现象。发生此现象是否由电动机过热、导体接触不良或绕组烧毁等造成的。

3）仪表指示是否正常，有无指示，三相电流、电压是否平衡。仪表无指示或不正常，则表明电源电压不平衡、熔丝被烧断、转子三相电阻不平衡、单相运转、导体接触不良等。

4）电流表指示过大，则表明电动机过载、轴承损伤、机械卡住等。

5）电动机停止转动，其原因有：电源停电；定子、转子铁心相擦；单相运转；由于电压过低致使电动机转矩太小；负载过大；电压降过大等。

（2）用听诊棒听电动机声音，可以听到电磁噪声、通风噪声、机械摩擦声和轴承噪声等，从而判断出电动机故障。引起电动机噪声大的原因，在机械方面有：轴承故障、机械不平衡；紧固螺钉松动；联轴器连接不符要求。在电气方面有：电压不平衡；单相运转；绕组有断路、击穿等故障；启动性能不好；加速性能不好。

（3）用鼻闻可以发现焦味。其造成原因有：电动机过热；绕组烧毁；缺相运转；润滑不好；轴承烧毁；绕组击穿。

（4）用手摸电动机外壳表面，可以发现电动机振动和温升是否过高。其中造成电动机振动原因有：机械不平衡；电压不平衡；电动机缺相运转；绕组有断路和击穿故障。造成温升过高的原因有：过载；散热不好；低电压运行；缺相运转；卡住；加速特性不好，启动时间过长。

2. 电动机一般检查项目

电动机运转前后的检查项目见表 3—4。

表 3—4　　电动机运转前后的检查项目

序号	运转方式	检查项目
1	启动前的检查	1. 仔细核对电动机铭牌上所列的数据是否正确 2. 电动机是否适应安装条件、周围环境和保护形式 3. 检查接线是否正确，机壳是否接地良好 4. 检查配线尺寸是否正确，机壳是否接地良好 5. 检查电源开关、熔断器的容量、规格与继电器是否配套 6. 检查传动带的张紧力，是否偏大或偏小；同时要检查安装是否正确，有无偏心 7. 用手或工具转动电动机的转轴，是否转动灵活，添加的润滑脂牌号和用量是否正确 8. 集电环表面和电刷表面是否脏污。检查电刷压力、电刷在刷握内活动情况以及电刷短路装置的动作是否正常 9. 测试绝缘电阻 10. 检查电动机的启动方式 11. 确定电动机的旋转方向
2	启动后的检查	1. 检查电动机的旋转方向是否正确 2. 在启动加速过程中，电动机有无振动和异常声响 3. 启动电流是否正常，电压降大小是否影响周围电气设备正常工作 4. 启动时间是否正常 5. 负载电流是否正常，三相电压电流是否平衡 6. 启动装置是否正常 7. 冷却系统和控制系统动作是否正常
3	运转中的检查	1. 有无振动和噪声 2. 有无臭味和冒烟现象 3. 温度是否正常，有无局部过热 4. 电动机运转是否稳定 5. 三相电流和输入功率是否正常 6. 三相电压、电流是否平衡，有无波动现象 7. 有无其他方面的不良因素 8. 传动带是否振动、打滑

三、电动机日常检查

电动机按惯例进行维护和检查项目见表 3—5。

表 3—5　　电动机按惯例进行维护和检查项目

序号	检查周期	检查项目
1	日常检查	1. 外观全面检查，并记录 2. 检查电动机各部分是否有振动、噪声和异常现象，各部分温度是否正常 3. 检查供油系统，进行润滑轴承 4. 检查通风冷却系统、滑动摩擦状况以及各部紧固情况
2	每月或定期巡检	1. 外观全面检查，并记录 2. 检查各部分松动情况（如开关、配线、接地装置等）及接触情况 3. 有无破损部位，并提出处理计划和措施 4. 检查粉尘堆积情况，要及时清扫 5. 检查引出线和配线是否有损伤、老化等问题 6. 各部分连接状态是否良好 7. 绝缘电阻情况 8. 检查电刷、集电环磨损情况，电刷在刷握内活动是否正常
3	每年检查	1. 检查轴承和润滑脂，及时更换新轴承和润滑脂 2. 必要时，电动机应解体检修（或检查） 3. 清扫或清洗尘垢 4. 外观检查是否生锈、腐蚀 5. 更换电刷、修理集电环，调整刷压 6. 检查绝缘电阻，进行干燥处理

四、电动机常见故障分析

电动机常见故障及处理方法见表 3—6。

表 3—6　　　　电动机常见故障及处理方法

序号	故障现象	故障原因	处理方法
1	电动机不能启动	1. 电源未接通 2. 绕组断路、短路、接地、接线错误 3. 熔丝烧断 4. 绕线转子电动机启动时误操作 5. 过电流继电器整定值过小 6. 控制设备接线错误	1. 检查开关、熔丝、各触点及电动机引接头，并修复 2. 采用仪表检查，并进行修理处理 3. 查出故障后，按电动机规格配新熔丝 4. 检查集电环短路装置及启动变阻器位置，启动时隔开短路装置，串接变阻器 5. 适当进行调大 6. 校正接线
2	电动机接入电源后熔丝被烧断或低压断路器跳闸	1. 电动机缺相启动 2. 定、转子绕组接地或短路 3. 电动机负载过大或被机械部分卡住 4. 熔丝截面积过小 5. 绕线转子电动机所接的启动电阻太小或被短路 6. 电源至电动机之间连接线短路	1. 检查电源线、电动机引出线、熔断器、开关各触头，找出断线或假接故障后，进行修复 2. 采用仪表检查，进行修理处理 3. 将负载调至额定，排除被拖动机构的故障 4. 如果熔丝不起保护作用，可按下式选择：熔丝额定电流=启动电流/(2～3) 5. 消除短路故障或增大启动电阻 6. 检查短路点后，进行修复

续表

序号	故障现象	故障原因	处理方法
3	电动机通电后电动机不启动并“嗡嗡”响	1. 极数改变重绕的电动机槽配合选择不当	1. 选择合理绕组形式和节距；适当车小转子直径；重新计算绕组系数
		2. 定、转子绕组断路	2. 查明断路点，进行修复；检查绕组转子电刷与集电环接触状态；检查启动电阻是否断路或电阻过大
		3. 绕组引出线始末端接错或绕组内部接反	3. 检查绕组始末端（可用冲击直流检查极性），判定绕组始末端是否正确
		4. 电动机负载过大或被卡住	4. 对负载进行调整，并排除机械故障
		5. 三相电源未能全部接通	5. 更换熔断的熔丝，紧固松动的接线螺钉；用万用表检查电源线一相断线或虚接故障，进行修复
		6. 电源电压过低	6. 三角形接线误接成星形接线时，应改正；电源电压过低时，应与供电部门联系解决；配线电压降太大时，应改用粗电缆线
		7. 小型电动机的润滑脂过硬、变质或轴承装配过紧	7. 更换合格的润滑脂；检查轴承装配尺寸，并使之合理
4	电动机外壳带电	1. 电源线与接地线接错	1. 纠正接线错误
		2. 电动机绕组受潮、绝缘严重老化	2. 电动机进行干燥处理；老化的绝缘应更新或绕组重绕
		3. 引出线与接线盒接地	3. 包扎或更新引出线绝缘，修理接线盒
		4. 线圈端部接触端盖接地	4. 拆下端盖，检查绕组接地点；将接地点绝缘加强，端盖内壁垫以绝缘纸等

续表

序号	故障现象	故障原因	处理方法
5	电动机空载或负载时，电流表指针不稳、摆动	1. 绕线转子电动机有一相电刷接触不良 2. 绕线转子集电环的短路装置接触不良 3. 笼形转子的笼条开焊或断条 4. 绕线转子绕组一相断路	1. 调整刷压和改善电刷与集电环的接触面质量 2. 检查和修理集电环短路装置 3. 采用开口变压器或用其他方法检查，并修复 4. 采用万用表检查断路处，并排除故障
6	电动机启动困难，加额定负载后，电动机的转速比额定转速低	1. 电源电压低 2. 电动机绕组三角形接线误接成星形接线 3. 绕线转子电刷或启动变阻器接触不良 4. 定、转子绕组有局部线圈接错或接反 5. 绕组重绕时，匝数过多 6. 绕线转子一相断路 7. 电刷与集电环接触不良	1. 用电压表检查电动机输入端电源电压。确认电源电压过低后进行调整 2. 改为三角形接线 3. 检修电刷和启动变阻器的接触部位 4. 检查出故障线圈后进行正确接线 5. 按正确的匝数重绕 6. 用万用表检查断路处，然后排除故障 7. 改善电刷与集电环的接触面积，研磨电刷工作面、调刷压和车集电环表面等
7	绝缘电阻低	1. 绕组受潮或被水淋湿 2. 绕组绝缘粘满粉尘、油垢 3. 电动机接线板损坏，引出线绝缘老化破裂 4. 绕组绝缘老化	1. 进行加热烘干处理 2. 清洗绕组油污，并经干燥、浸漆处理 3. 重包引线绝缘，更换或修理出线盒及接线板 4. 经鉴定可重绕线圈，如能继续使用时，要经清洗、干燥绝缘处理

续表

序号	故障现象	故障原因	处理方法
8	电动机振动	1. 轴承磨损，轴承间隙不符合要求 2. 气隙不均匀 3. 机壳强度不够 4. 铁心变椭圆形或局部凸出 5. 转子不平衡 6. 基础强度不够，安装不平，重心不稳 7. 绕线转子绕组短路 8. 定子绕组故障（短路、断路、接地、接错） 9. 转轴弯曲 10. 铁心松动 11. 联轴器或传动带轮安装不符合要求 12. 齿轮接合松动 13. 电动机底脚螺栓松动	1. 更换轴承 2. 调整气隙，使符合规定 3. 找出薄弱点，加固并增加机械强度 4. 车或磨铁心内、外圆 5. 紧固各部螺钉，清扫加固后进行校动平衡工作 6. 加固基础，将电动机底脚找平固定，重新找正，使重心平稳 7. 用开口变压器检查短路点，并进行处理 8. 采用仪表检查，并处理好故障 9. 矫直转轴 10. 紧固铁心和压紧冲片 11. 重新找正，必要时重新安装 12. 检查齿轮接合，进行修理，并使其符合要求 13. 紧固电动机底脚螺栓，或更换不合格的地脚螺栓
9	电动机空载运行时电流不平衡，相差很大	1. 三相绕组匝数分配不均 2. 绕组首尾端接错 3. 电源电压不平衡 4. 绕组有故障（匝间短路、线圈组接反） 5. 绕组接头有局部虚接或断线处	1. 重绕并改正 2. 查明首尾端，并改正 3. 测量三相电压，查出不平衡原因并消除 4. 解体检查绕组故障，并消除 5. 测直流电阻或通大电流查找发热点，并消除

续表

序号	故障现象	故障原因	处理方法
10	三相空载电流平衡，但大于正常值	1. 重绕时，线圈匝数少 2. 星形接线错接为三角形接线 3. 电源电压过高 4. 电动机装配不当（如转子装反，定、转子铁心未对齐，端盖螺栓固定不对称使端盖偏斜或松动等） 5. 气隙不均或增大 6. 拆线时烧损铁心，降低了导磁性能 7. 电网频率降低或60 Hz电动机使用在50 Hz电源上	1. 重绕线圈，加大线圈匝数 2. 改正接线 3. 测量电源电压，并设法降低电压 4. 检查装配质量，消除故障 5. 调整气隙使均匀，过大的气隙可调整线圈匝数 6. 修理铁心，或重绕线圈，以增加匝数 7. 检查电源质量，并与电动机铭牌一致
11	集电环过热，出现刷火	1. 集电环椭圆或偏心 2. 电刷压力太小或刷压不均 3. 电刷被卡在刷握内，使电刷与集电环接触不良 4. 电刷牌号不符 5. 集电环表面污垢，表面粗糙度不符合要求，导电不良 6. 电刷数目不够或截面积过小	1. 将集电环磨圆或车光 2. 调整刷压，使其符合要求 3. 修磨电刷，使电刷在刷握内配合间隙正确 4. 采用制造厂规定的牌号电刷或选性能符合制造厂要求的电刷 5. 清除污物，用干净布蘸汽油，擦净集电环表面，并消除漏油故障 6. 增加电刷数目或增加电刷接触面积，使电流密度符合要求

续表

序号	故障现象	故障原因	处理方法
12	电动机运行时噪声大	1. 重新改变极数时，槽配合不当 2. 转子擦绝缘纸或槽楔 3. 轴承间隙过伤磨损，轴承有故障 4. 定、转子铁心松动 5. 电源电压过高或三相不平衡 6. 定子绕组接错 7. 绕组有故障（如短路等） 8. 线圈重绕时，每相匝数不均 9. 轴承缺少润滑脂 10. 风扇碰风罩或风道堵塞 11. 气隙不均匀，定转子相擦	1. 校正定、转子槽配合 2. 应修剪绝缘纸或检修槽楔 3. 检修或更换新轴承 4. 紧固铁心冲片或重新叠装 5. 检查原因，并进行处理 6. 用仪表检查后进行处理 7. 检查后，对故障线圈进行处理 8. 重新绕线，改正匝数，使三相绕组匝数相等 9. 清洗轴承，添加适量润滑脂（一般为轴承室的1/2～2/3） 10. 修理风扇和风罩，使其几何尺寸正确，清理通风道 11. 调整气隙，提高装配质量
13	轴承发热超过规定值	1. 润滑脂过多或过少 2. 油质不好，含有杂质 3. 轴承与轴颈配合过紧 4. 轴承与端盖轴承室配合过松或过紧 5. 油封太紧	1. 拆下轴承盖，调整油量，要求油脂填充轴承容积的1/2～2/3 2. 更换新油 3. 测量轴颈尺寸，适当调整，使配合公差符合要求 4. 在轴承室内涂农机2＃胶黏剂解决过松问题，过紧时，可车削端盖轴承室 5. 更换油封

续表

序号	故障现象	故障原因	处理方法
13	轴承发热超过规定值	6. 轴承内盖偏心与轴承相擦	6. 修理轴承内盖，使之转轴间隙适合
		7. 电动机两侧端盖或轴承盖没有装平	7. 按正确工艺将端盖或轴承盖装入止口内，然后均匀紧固螺栓
		8. 轴承有故障、磨损，轴承内含有杂物	8. 更换轴承，对于含有杂质的轴承要彻底清洗，换油
		9. 电动机与传动机构连接偏心，或传动带拉力过大	9. 校准电动机与传动机构连接的中心线，并调整传动带的张力
		10. 轴承型号选小，过载，滚动体承载过重	10. 更换合适的新轴承
		11. 轴承间隙过大或过小	11. 更换新轴承
		12. 滑动轴承的油环转动不灵活	12. 检修油环，使油环尺寸正确，校正平衡
14	电动机过热或冒烟	1. 电源电压过高，使铁心过饱和，造成电动机温升超限	1. 与供电部门联系，解决电源过高问题
		2. 电源电压过低，在额定负载下电动机温升过高	2. 如因压降引起，应更换较粗的电源线；如因电源本身电压低，可与供电部门联系解决
		3. 拆线圈时，铁心被烧伤，使铁损耗增大	3. 做铁损耗试验，检修铁心，排除故障
		4. 定、转子铁心相擦	4. 查找并排除故障（如更换新轴承，调轴，处理铁心变形等）
		5. 线圈表面粘满污垢或油泥，影响电动机散热	5. 清扫或清洗绝缘表面污垢
		6. 电动机过载或拖动的机械设备阻力过大	6. 排除机械故障，减少阻力或降低负载

续表

序号	故障现象	故障原因	处理方法
14	电动机过热或冒烟	7. 电动机频繁启、制动和正反转	7. 更换合适的电动机，或减少正反转和启、制动次数
		8. 笼形转子断条，绕线转子绕组接线开焊，电动机在额定负载下转子发热使温升过高	8. 查明断条和开焊处，重新补焊
		9. 绕组匝间短路和相间短路以及绕组接地	9. 用开口变压器和摇表检查，并排除
		10. 进风或进水温度过高	10. 检查冷却水装置是否有故障，检查环境温度是否正常，并解决好
		11. 风扇有故障，通风不良	11. 检查电动机风扇是否有损伤，扇片是否破损和变形，并处理好
		12. 电动机两相运行	12. 检查熔丝、开关触点，并排除故障
		13. 绕组重绕后，绝缘处理不好	13. 采取浸二次以上绝缘漆，最好采取真空浸漆处理
		14. 环境温度增高或电动机通风道堵塞	14. 改善环境温度，采取降温措施；隔离电动机附近的高温热源；使电动机不在日光下暴晒
		15. 绕组接线错误	15. 星形接线误接成三角形接线或相反，均要改正过来

操作训练

一、电动机的拆卸

在拆卸前，应准备好各种工具，做好拆卸前记录和检查工作，在线头、端盖、刷握等处做好标记，以便于修复后的装配。

1. 拆卸步骤：(由外到内顺序地拆卸)

(1) 拆除电动机的所有引线。

(2) 拆卸此传动带轮或联轴器，先将传动带轮或联轴器上的固定螺钉或销子松脱或取下，再用专用工具“拉马”转动丝杠，把传动带轮或联轴器慢慢拉出。

(3) 拆卸风扇或风罩。拆卸传动带轮后，就可把风罩卸下来。然后取下风扇上定位螺栓，用锤子轻敲扇四周，旋卸下来或从轴上顺槽拔出，卸下风扇。

(4) 拆卸轴承盖和端盖。一般小型电动机都只拆风扇一侧的端盖。

(5) 抽出转子。对于笼式转子，可直接从定子腔中抽出即可。

2. 注意拆装标准件的规范

全纹六角头螺栓用扳手、螺钉（十字槽）用旋具（见图 3—1）

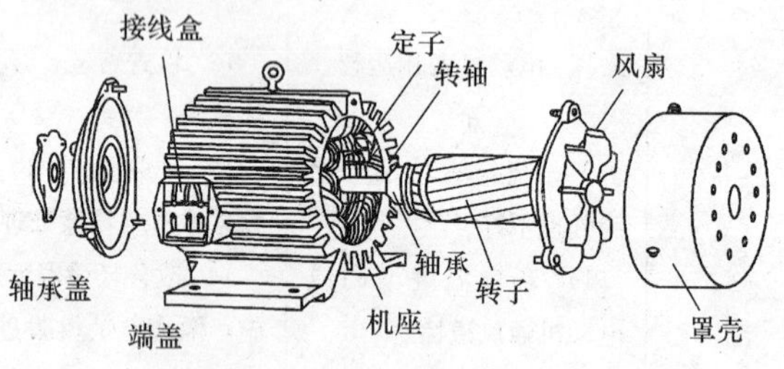

图 3—1　电动机拆卸

要求：观察对应部件的名称；定子绕组的连接形式；前后端部的形状；引线连接形式；绝缘材料的放置等。

二、装配后的检查

1. 主要内容

★机械检查：检查机械部分的装配质量

(1) 包括所有紧固螺钉是否拧紧。

（2）用手转动出轴，转子转动是否灵活，无扫膛、无松动；轴承是否有噪声等。

★电气性能检查：

（1）直流电阻三相平衡。

（2）测量绕组的绝缘电阻。检测三相绕组每相对地的绝缘电阻和相间绝缘电阻，其阻值不得小于 0.5 MΩ。

（3）按铭牌要求接好电源线，在机壳上接好保护接地线，接通电源，用钳形电流表检测三相空载电流，看是否符合允许值。

（4）检查电动机温升是否正常，运转中有无异响。

2. 通电调试，记录数据

调试后，将数据记录于表 3—7 中。

表 3—7　　数据记录表

<table>
<tr><td>铭牌
额定值</td><td colspan="3">电压________V，电流________A，转速________r/min，
功率________kW，接法________</td></tr>
<tr><td rowspan="6">实际检测</td><td colspan="2">三相电源电压</td><td>U_{UV}________，U_{VW}________V，U_{WU}________V</td></tr>
<tr><td colspan="2">三相绕组电阻</td><td>$U_{相}$________Ω，$V_{相}$________Ω，$W_{相}$________Ω</td></tr>
<tr><td rowspan="2">绝缘电阻</td><td>对地绝缘</td><td>$U_{相对地}$________MΩ，$V_{相对地}$________MΩ，
$W_{相对地}$________MΩ</td></tr>
<tr><td>相间绝缘</td><td>UV 间________MΩ，VW 间________MΩ，
WU 间________MΩ</td></tr>
<tr><td>三相电流</td><td>空载</td><td>I_U________A，I_V________A，I_W________A</td></tr>
<tr><td>转速</td><td>空载</td><td>________r/min</td></tr>
</table>

工作领域四

半导体元器件、电路分析及测试

作业项目 7　调光电路的分析及测试

专家提示

1. 晶闸管导通时必须同时具有正向阳极电压和正向门极电压两个条件。晶闸管在导通情况下，只要仍有一定的正向阳极电压，不论正向门极电压如何，其仍然可保持导通，即晶闸管导通后门极失去控制作用。

2. 如果要使晶闸管关断，必须做到两点：一是将阳极电流要小于其维持电流；二是将阳极电压降到零或使之反向。

3. 晶闸管在串联使用时，不允许降低电压的额定值来使用，应该选择参数比较接近的晶闸管进行串联。

4. 二极管在串联使用时，反向特性不一致的整流元件不允许串联使用；二极管并联使用时，正向特性不一致的整流元件不允许并联使用。

相关知识

如图 4—1 所示电路中，VT、R1、R2、R3、R4、RP、C 组成单结晶体管张弛振荡器。接通电源前，电容器 C 上电压为零。接通电源后，电容经由 R4、RP 充电，电压 U_E 逐渐升高。当达到峰点电压时，E—b1 间导通，电容上电压向电阻放电。当电容上的电压降到谷点电压时，单结晶体管恢复阻断状态。此后，电容又重新充电，重复上述过程，结果在电容上形成锯齿状电压，在电阻 R3 上则形成脉冲电压。此脉冲电压作为晶闸管 V5 的触发信号。在 V1～V4 桥式整流输出的每一个半波时间内，振荡器产生的第一个脉冲为有效触发信号。调节 RP 的阻值，可改变触发脉冲的相位，控制晶闸管 V5 的导通角，以调节灯泡亮度。

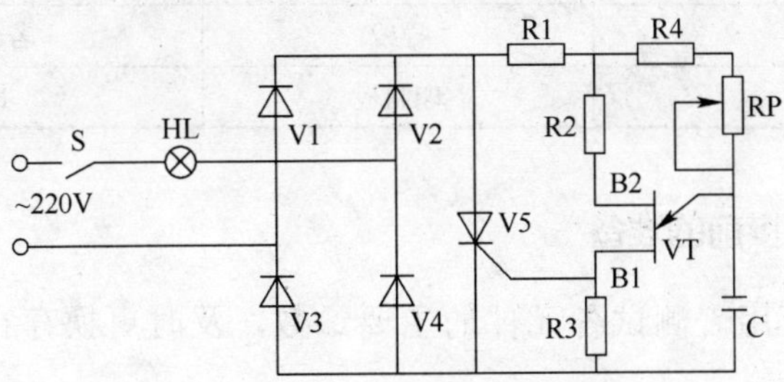

图 4—1　家用调光台灯电路

操作训练

调光台灯电路的制作与调试

按表 4—1 准备元器件

表 4—1　　调光台灯电路所需元件

元件	名称规格	数量
V1～V4	二极管 1N4007	4
V5	晶闸管 3CT	1
VT	单结晶体管 BT33	1
R1	电阻器 51 kΩ	1
R2	电阻器 300 Ω	1
R3	电阻器 100 Ω	1
R4	电阻器 18 kΩ	1

续表

元件	名称规格	数量
RP	带开关电位 470 kΩ 器	1
C	涤纶电容器 0.022 μF	1
HL	灯泡 220 V　25 W	1
	灯座	1
	电源线	1
	导线	若干
	印制板	1

一、装接前的准备

1. 用万用表测试各元件的主要参数，及时更换存在故障的元器件。

2. 将所有元器件引脚上的漆膜、氧化膜清除干净，并对导线进行搪锡。

3. 根据要求对各元器件进行整形。

二、装接

1. 有极性的元器件二极管、晶闸管、单结晶体管等，在安装时要注意极性，切勿装错。

2. 所有元器件尽量贴近线路板安装。

3. 带开关电位器要用螺母固定在印制板开关的孔上，电位器用导线连接到线路板的所在位置。

4. 印制板四周用螺母固定。

三、调试

1. 检查电路连接是否正确，确保无误后方可接上灯泡，开始调试。调试过程中应注意安全，防止触电。

2. 接通电源，打开开关，旋转电位器手柄，观察灯泡亮度变化。

3. 在下面几种情况下测量电路中各点电压，并填入表4—2中。

表4—2　　电路中各点电压

灯泡状态	元器件各点电压						断开交流电源，电位器的电阻值
	V5			VT			
	U_A	U_K	U_G	U_{B1}	U_{B2}	U_E	
灯泡最亮时							
灯泡微亮时							
灯泡不亮时							

作业项目2　稳压电路的分析及测试

专家提示

1. 对于普通二极管反向击穿就意味着管子损坏而失去单向导电性，但是稳压二极管就是利用击穿时通过管子的电流在很大范围内变化，而稳压二极管两端的电压却几乎不变的特性，可以实现稳压，所以稳压二极管必须反接在电路中。

2. 稳压二极管工作时的电流不能超过管子最大的反向电流。

3. 电子线路在焊接的过程中切不可出现虚焊及漏焊的现象。

相关知识

各种电子设备都需要由稳定的直流电源供电。通常是将电网提供的50 Hz正弦交流电经过电路处理来获得所需要的直流电。直流稳压电源按照使用的元件不同分为分立元件稳压电源和集成稳压电源两种，分立元件稳压电源中常用的是串联型稳压电源。

串联型稳压电源具有输出电流较大，带负载能力强而且稳压性能较好的特点，串联型稳压电源原理图如图 4—2 所示。

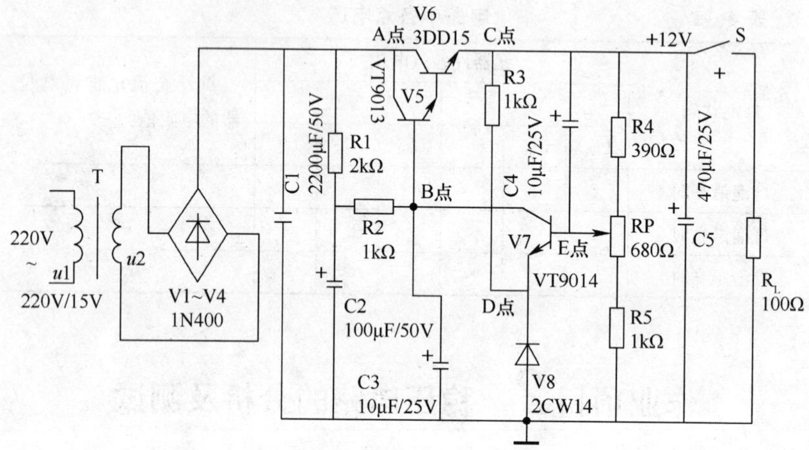

图 4—2　串联型稳压电源原理图

电路原理与分析

1. 电路组成

串联型稳压电源的组成如图 4—3 所示。

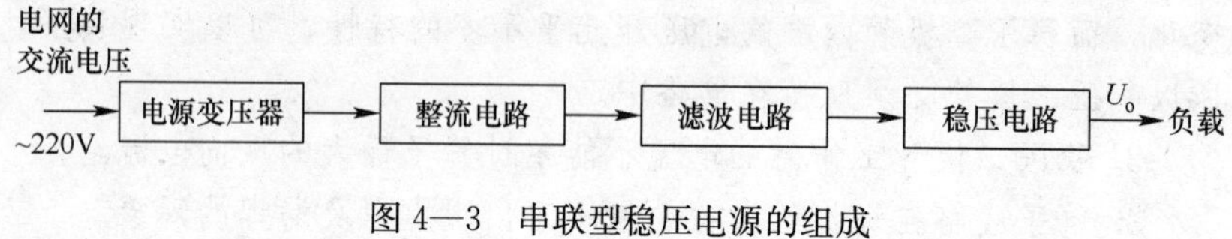

图 4—3　串联型稳压电源的组成

(1) 电源变压器 T　电源变压器 T 的作用是将 220 V 电网电压变换为整流电路所要求的交流电压值。

(2) 整流电路　整流二极管 V1～V4 构成单相桥式整流电路，它的作用是将交流电压变换成脉动直流电压。

(3) 滤波电容 C1　它的作用是将脉动的直流电变换为平滑的直流电。

（4）稳压电路　稳压电路的作用是使直流电源的输出电压稳定，基本不受电网电压或负载变动的影响。图 4—2 所示为串联型直流稳压电路，它由基准电压电路、取样电路、比较放大电路和调整管组成。三极管 V5 和 V6 组成复合调整管，接成射极输出形式，因为它与负载 R_L 串联，所以称为串联型直流稳压电路。

稳压管 V8 和限流电阻 R3 构成基准电压电路。电阻 R4、RP、R5 为取样电路，当输出电压变换时，取样电路电阻将其变化量的一部分送到比较放大电路。三极管 V7 组成比较放大电路。取样电压和基准电压 U_Z 分别送至三极管 V7 的基极和发射极，进行比较放大，V7 的集电极与调整管的基极相连，以控制调整管的基极电位。

2. 稳压原理

假设由于某种原因（如电网电压波动或者负载电阻变化等）使输出电压 U_o 上升，取样电路将这一变化趋势送到比较放大管 V7 的基极，与发射极基准电压 U_Z 进行比较，并且将二者的差值进行放大，V7 管集电极电位 U_{C7}（及调整管的基极电位 U_{B5}）降低。由于调整管采用射极输出形式，所以输出电压 U_o 必然降低，从而保证 U_o 基本稳定。其稳定过程可以表示如下：

$$U_o\uparrow\rightarrow U_{B7}\uparrow\rightarrow U_{BE7}\uparrow\rightarrow I_{C7}\uparrow\rightarrow U_{C7}(U_{B5})\uparrow\rightarrow U_o\downarrow$$

调节 RP 可以调节输出电压 U_o 的大小，使其在一定范围内变化。

操作训练

串联型稳压电源的安装与调试

1. 按图 4—2 配齐所需元件、万用表、示波器等所需工具。

2. 安装基本操作步骤

（1）配齐元件，并检测元件。

（2）清除元件的氧化层并搪锡。

（3）元件经检测无误后，根据电路图进行电气连接并焊接固定。

3. 调试

（1）空载时工作电压的测量　将开关 S 断开，调节电位器 RP

使得输出电压U_o为 12 V。测量电路中各点的电压。将测量结果填入表 4—3 中。

表 4—3　　空载时的工作电压

U_A	U_B	U_C	U_D	U_E

(2) 稳压电源内阻的测量　将开关 S 合上，电源接负载电阻R_L=100 Ω，用万用表测量电源的输出电压U_o'，将结果填入表 4—4中。

表 4—4　　稳压电压内阻的测量

U_o	R_L	U_o'

作业项目 3　功放电路的分析及测试

专家提示

1. 在焊接半导体元器件时动作要快，以免烫坏元件及线路板。

2. 线路调试与测试前要仔细分析电路原理，对调试与测试的目的要做到心中有数。

相关知识

向负载提供低频功率的放大器称为低频功率放大器，简称功放。按照功率放大器输出端的特点分类，可分为变压器耦合功率放大器、无输出变压器功率放大器（OTL）和无输出电容功率放大器(OCL)。

电路原理与分析

1. 电路的组成

OTL 功率放大电路由激励放大级和功率放大输出级组成，如图 4—4 所示。

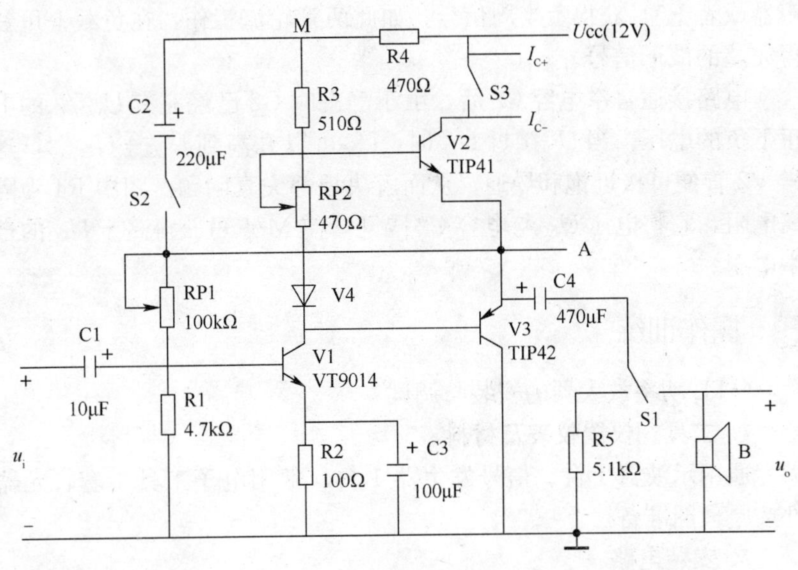

图 4—4　OTL 功率放大器电路图

(1) 激励放大级　由三极管 V1 组成工作点稳定的分压式射极偏置放大电路。输入信号 u_i 经放大后由集电极输出，加到 V1、V3 的基极，RP1 引入电压并联负反馈，可以稳定静态工作点和提高输出信号电压的稳定度。

(2) 功率放大输出级　三极管 V2、V3 组成互补对称功放电路。RP2 和二极管 V4 作为 V2、V3 提供适当的发射极电压，使得两管在静态时处于微导通状态，以消除交越失真。调节 RP2（配合调节 RP1）可以调整功放管的静态工作点。二极管 V4 的正向压降随温度的升高而降低，对功放管还能起到一定温度补偿作用。

2. 电路的工作原理

设输入信号 u_i 为负半周，经 V1 倒相放大后，加到 V2 和 V3 管基极的是正半周信号，功放管 V2 导通，V3 管截止。负载（扬声器 B 或 R5）上获得正半周信号。当输入波形 u_i 为正半周时，负载（扬声器或者 R5）获得负半周信号。如此两管轮流工作，在负载上可获得完整的波形信号。

电路接通自举电容 C2 后，由于静态时 C2 已经充有 $U_{CC}/2$ 的上正下负的电压，当 U_A 接近 U_{CC} 时，U_M 可以升高到 $U_{CC}+U_{CC}/2$，这样 V2 管便可接近饱和导通，从而解决顶部失真问题。图中 R4 为隔离电阻，它将电压 U_{CC} 与电容 C2 隔开，使 M 点可获得高于 U_{CC} 的自举电压。

操作训练

OTL 功率放大器的安装与调试

1. 工具、仪器仪表及材料

通用示波器 1 台、信号发生器 1 台、常用电子工具 1 套、元器件按原理图准备。

2. 安装电路

（1）准备好常用的电工工具、元器件，并进行测试。

（2）清除元件的氧化层。

（3）插装元器件，经检查无误后，根据电路图进行电气连接并焊接固定。

3. 电路的测试

（1）测试前准备　安装变压器、开关、熔断器等元件，并做好电源引线的连接和电路板交流输入端的连接，检查焊接质量。

（2）调整静态工作点

1）如图 4—4 所示，将开关 S2 闭合，开关 S1 接扬声器，开关 S3 断开，在测试端 I_{C+} 和 I_{C-} 串联电流表，调整 RP1 于中间位置，使 RP2 接入为 0 Ω。接通工作电源＋12 V，调整 RP1 使中点 A 电压等于+6 V。

2）将 U_i=100 mV，f=1 kHz 的音频正弦波信号接入输入端，用示波器在输出端观察 u_o 波形，逐渐增加输入信号幅度，直到输出波形出现交越失真，将看到交越失真现象的波形描绘下来。

（3）测量最大不失真输出功率 P_{OM}

1）将开关 S2 和 S3 闭合，S1 接负载（扬声器 B 和 R_L）=8 Ω，输入电压（f=1 kHz）逐渐增加幅度，用示波器观察输出波形，当输出电压略有失真时，测量以下数据：输入电压 U_i（有效值）、负载上的电压 U_o（有效值），计量测量结果并计算 $P_{OM}=U_o^2/R_L$，计算最大不失真输出功率。

2）断开开关 S2（不接自举电路），重复上述步骤，记录测量结果。

3）将开关 S1 接负载 R5，重复上述步骤，记录测量结果。

将上述测量结果记录到表 4—5 中。

表 4—5　　　　　　　　测量参数

	开关 S1 接扬声器 R_L		开关 S1 接负载		交越失真波形
	开关 S2 闭合	开关 S2 断开	开关 S2 闭合	开关 S2 断开	
U_i					
U_o					
P_{OM}					

工作领域五

机床电路的调试与维修

作业项目 7　CA6140 普通车床电气线路的调试与维修

操作误区

禁忌 1　电气故障维修完毕，在进行刀架快速移动试车时，由于操作失误使运动部件与车床头部或尾架相撞产生设备事故。

禁忌 2　在机床照明线路发生故障时，维修人员直接使用 220 V 电源供电。

禁忌 3　在控制箱外部进行线路更换时，导线没有穿入在导线通道内或没有敷设在机床底座内的导线通道里，并且导线有接头。

血的教训

◆ **事故案例 1**　罗某，今年 42 岁。据其老乡、工友杜师傅介绍，罗某一直在某个工业园做电工工作。某日，工厂需要将一大型机床的部分线路进行检修。上午 7 时 40 分，罗某在未检查电源开关闭合状态下，直接对该机床电路进行检修，造成触电事故。事后经工友分析，可能是前天晚上下班后有人忘记将厂房电闸断开，导致次日上班后在大家都没检查的情况下，而发生触电事故。

◆**事故案例 2**　李某，是一工厂车间维修电工，某日，对一车间的 CA6140 车床主轴电动机控制接触器维修完毕，在未安装灭弧罩的情况下强行试车，造成弧光短路，幸好电气箱周围没有其他人员，但控制线路受到了严重损坏。

◆**事故案例 3**　2006 年 6 月 5 日 10 时，电工甲在维修车间进行电气维修。10 时 30 分，车工乙开完会，准备使用机床时发现没电，于是来到电气开关柜前，发现开关柜门开着，没有停电作业警示，就接通电源，造成电工甲触电死亡。

专家提示

1. 进行刀架快速移动试车时，要注意将运动部件处于行程的中间位置，并注意进给方向，以防止运动部件与车床头部或尾架相撞产生设备事故。

2. 机床照明线路属于局部照明，由于机床床身属于良好的导体，照明线路不能使用 220 V 电源，而应采用 24 V 安全电压。照明电源经过控制变压器变换所得，必须在变压器的一、二次侧都要装设熔断器，以作为短路保护。

3. 在控制箱外部进行线路布线时，导线必须穿在导线通道内或敷设在机床底座内的导线通道里。所有在通道的导线不允许有接头。

4. 在进行控制线路维修时，若需要更换部分线路时，更换部分的线路不宜选择相同颜色的导线，如保护导线采用黄绿双色；中性线和中间线采用浅蓝色或黑色；保护导线连接新的电路应采用白色等。

5. 在进行线路维修时，更换导线的标号应与原标号一致，或者与原理图和安装接线图中相吻合。

6. 线路检修时，不准随意变更按钮的相对位置和颜色；不准随意变更指示灯的颜色。

相关知识

低压电器元件通常是指工作在交流电压小于 1 200 V、直流电压小于 1 500 V 的电路中起通、断、保护、控制或调节作用的各种电器元件。常用的低压电器元件主要有刀开关、熔断器、断路器、接触器、继电器、按钮、行程开关等，学习识别与使用这些电气元件是掌握电气控制技术的基础。低压电器元件的分类见表 5—1。

表 5—1　　低压电器元件的分类

分类方式	类型	说明
按用途控制对象分类	低压配电电器	在低压配电系统中，主要用于实现电能的输送、分配及保护电路和用电设备。包括刀开关、组合开关、熔断器和自动开关等
	低压控制电器	在电气控制系统中，主要用于实现发布指令、控制系统状态及执行动作等作用。包括接触器、继电器、主令电器和电磁离合器等
按工作原理分类	电磁式电器	根据电磁感应原理来动作的电器。如交流、直流接触器，各种电磁式继电器，电磁铁等
	非电量控制电器	依靠外力或非电量信号（如速度、压力、温度等）的变化而动作的电器。如转换开关、行程开关、速度继电器、压力继电器、温度继电器等
按动作方式分类	自动电器	自动电器指依靠电器本身参数变化（如电、磁、光等）而自动完成动作切换或状态变化的电器。如接触器、继电器等
	手动电器	手动电器指依靠人工直接完成动作切换的电器。如按钮、刀开关等

一、刀开关

1. 刀开关的结构和用途

刀开关又称闸刀开关，是一种手动配电电器。刀开关主要作为隔离电源开关使用，用于不频繁接通和分断电路的场合，图 5—1 所示为胶底瓷盖刀开关。图 5—2 所示为胶底瓷盖刀开关结构图。此种刀开关由操作手柄、熔丝、触刀、触刀座和瓷底座组成，带有短路保护功能。

图 5—1　胶底瓷盖刀开关

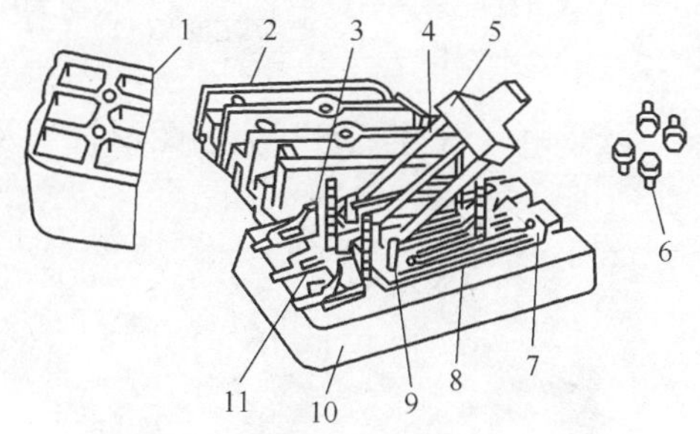

图 5—2　胶底瓷盖刀开关结构图

1—上胶盖　2—下胶盖　3—插座　4—触刀　5—瓷柄　6—胶盖紧固螺钉　7—出线座　8—熔丝　9—触刀座　10—瓷底座　11—进线座

刀开关在安装时，手柄要向上，不得倒装或平装，避免由于重力自动下落，引起误动合闸。接线时，应将电源线接在上端，负载线接在下端，这样断开后，刀开关的触刀与电源隔离，既便于更换熔丝，又可防止意外事故的发生。

2. 刀开关的表示方式

刀开关的主要类型有：带灭弧装置的大容量刀开关、带熔断器的开启式负荷开关（胶盖开关）、带灭弧装置和熔断器的封闭式负荷开关（铁壳开关）等。常用的产品有：HD11～HD14 和 HS11～HS13 系列刀开关，HK1、HK2 系列胶盖开关，HH3、HH4 系列铁壳开关。

刀开关按刀数的不同分有单极、双极、三极三种。

（1）型号　刀开关的型号标志组成及其含义如下：

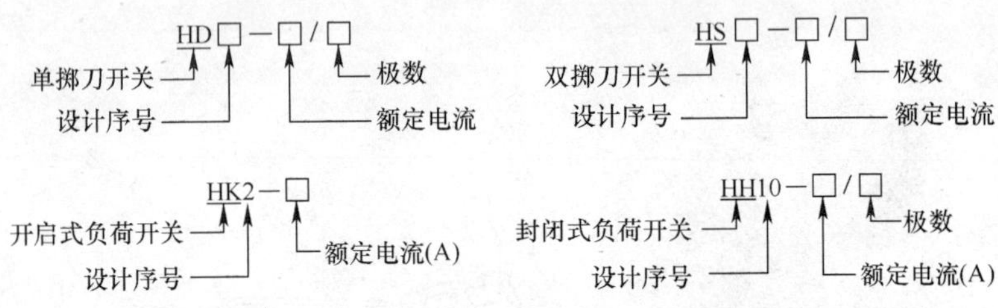

（2）电气符号　刀开关的图形符号及文字符号如图 5—3 所示。

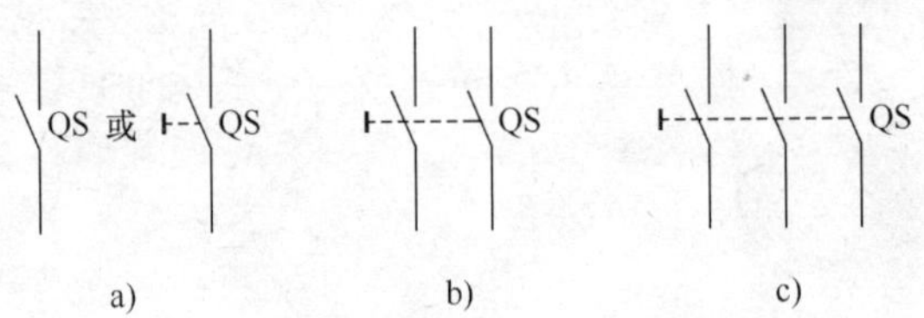

图 5—3　刀开关图形、文字符号

a）单极　b）双极　c）三极

3. 刀开关的主要技术参数

刀开关的主要技术参数有额定电压、额定电流、通断能力、动稳定电流、热稳定电流等。

（1）通断能力是指在规定条件下，能在额定电压下接通和分断的电流值。

（2）动稳定电流是指电路发生短路故障时，刀开关并不因短路电流产生的电动力作用而发生变形、损坏或触刀自动弹出等的现象，这一短路电流（峰值）即称为刀开关的动稳定电流。

（3）热稳定电流是指电路发生短路故障时，刀开关在一定时间内（通常为 1 s）通过某一短路电流，并不会因温度急剧升高而发生熔焊现象，这一最大短路电流称为刀开关的热稳定电流。

表 5—2 列出了 HK1 系列胶盖开关的技术参数。近年来中国研制的新产品有 HD18、HD17、HSl7 等系列刀形隔离开关，HG1 系列熔断器式隔离开关等。

表 5—2　　HK1 系列胶盖开关的技术参数

额定电流值/A	极数	额定电压值/V	可控制电动机最大容量值/kW		触刀极限分断能力($\cos\varphi=0.6$)/A	熔丝极限分断能力/A	配用熔丝规格			
			220 V	380 V			熔丝成分/%			熔丝直径/mm
							铅	锡	锑	
15	2	220	—	—	30	500	98	1	1	1.45～1.59
30	2	220	—	—	60	1 000				2.30～2.52
60	2	220	—	—	90	1 500	98	1	1	3.36～4.00
15	2	380	1.5	2.2	30	500				1.45～1.59
30	2	380	3.0	4.0	60	1 000				2.30～2.52
60	2	380	4.4	5.5	90	1 500				3.36～4.00

4. 刀开关的选择与常见故障的处理方法

选择刀开关应注意以下几点：

（1）根据使用场合，选择刀开关的类型、极数及操作方式。

（2）刀开关额定电压应大于或等于线路电压。

（3）刀开关额定电流应等于或大于线路的额定电流。对于电动机负载，开启式刀开关额定电流可取电动机额定电流的 3 倍；封闭式刀开关额定电流可取电动机额定电流的 1.5 倍。

刀开关的常见故障及其处理方法见表 5—3。

表 5—3　　刀开关的常见故障及其处理方法

故障现象	产生原因	修理方法
合闸后一相或两相没电	1. 插座弹性消失或开口过大 2. 熔丝熔断或接触不良 3. 插座、触刀氧化或有污垢 4. 电源进线或出线头氧化	1. 更换插座 2. 更换熔丝 3. 清洁插座或触刀 4. 检查进出线头
触刀和插座过热或烧坏	1. 开关容量太小 2. 分、合闸时动作太慢造成电弧过大，烧坏触点 3. 夹座表面烧毛 4. 触刀与插座压力不足 5. 负载过大	1. 更换较大容量的开关 2. 改进操作方法 3. 用细锉刀修整 4. 调整插座压力 5. 减轻负载或调换较大容量的开关
封闭式负荷开关的操作手柄带电	1. 外壳接地线接触不良 2. 电源线绝缘损坏碰壳	1. 检查接地线 2. 更换电源线

二、熔断器

1. 熔断器的结构和用途

熔断器是串联连接在被保护电路中的，当电路短路时，电流很大，熔体急剧升温，立即熔断，所以熔断器可用于短路保护。由于熔体在用电设备过载时所通过的过载电流能积累热量，当用电设备连续过载一定时间后熔体积累的热量也能使其熔断，所以熔断器也可作过载保护。熔断器一般分为熔体座和熔体。图 5—4 所示为 RL1 系列螺旋式熔断器外形图。

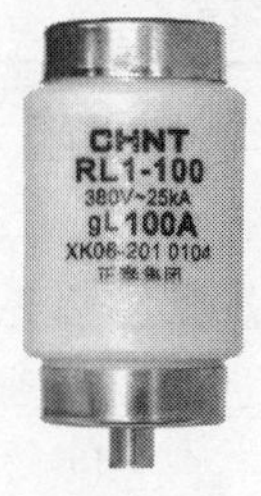

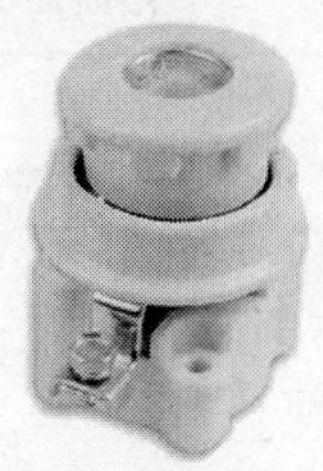

图 5—4　RL1 系列螺旋式熔断器外形

2. 熔断器的表示方式

（1）型号　熔断器的型号标志组成及其含义如下：

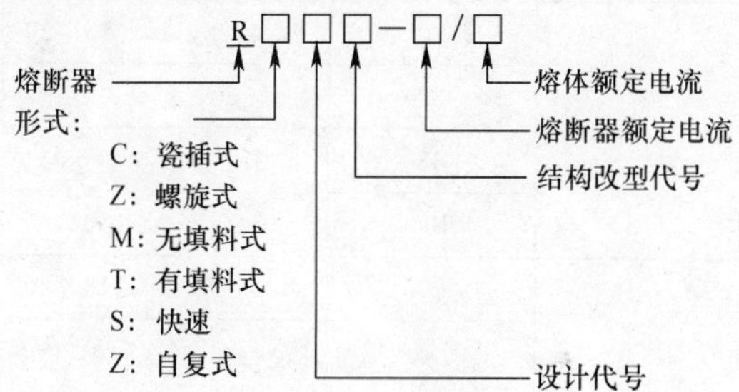

（2）电气符号　熔断器的图形符号和文字符号如图 5—5 所示。

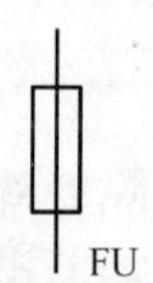

图 5—5　熔断器图形、文字符号

3. 熔断器的主要技术参数

熔断器的主要技术参数有额定电压、额定电流和极限分断能力。其主要技术参数见表 5—4。

表 5—4　　熔断器的主要技术参数

<table>
<tr><th rowspan="2">型号</th><th rowspan="2">额定电压/V</th><th colspan="2">额定电流/A</th><th rowspan="2">分断能力/kA</th></tr>
<tr><th>熔断器</th><th>熔体</th></tr>
<tr><td>RL6 - 25</td><td rowspan="4">~500</td><td>25</td><td>2，4，6，10，20，25</td><td rowspan="4">50</td></tr>
<tr><td>RL6 - 63</td><td>63</td><td>35，50，63</td></tr>
<tr><td>RL6 - 100</td><td>100</td><td>80，100</td></tr>
<tr><td>RL6 - 200</td><td>200</td><td>125，160，200</td></tr>
<tr><td>RLS2 - 30</td><td>~500</td><td>30</td><td>16，20，25，30</td><td>50</td></tr>
<tr><td>RLS2 - 63</td><td></td><td>63</td><td>32，40，50，63</td><td></td></tr>
<tr><td>RLS2 - 100</td><td></td><td>100</td><td>63，80，100</td><td></td></tr>
<tr><td>RT12 - 20</td><td rowspan="4">~415</td><td>20</td><td>2，4，6，10，15，20</td><td rowspan="4">80</td></tr>
<tr><td>RT12 - 32</td><td>32</td><td>20，25，32</td></tr>
<tr><td>RT12 - 63</td><td>63</td><td>32，40，50，63</td></tr>
<tr><td>RT12 - 100</td><td>100</td><td>63，80，100</td></tr>
<tr><td>RT14 - 20</td><td rowspan="3">~380</td><td>20</td><td>2，4，6，10，16，20</td><td rowspan="3">100</td></tr>
<tr><td>RT14 - 32</td><td>32</td><td>2，4，6，10，16，20，25，32</td></tr>
<tr><td>RT14 - 63</td><td>63</td><td>10，16，20，25，32，40，50，63</td></tr>
</table>

4. 熔断器的选择与常见故障的处理方法

熔断器的选择主要包括熔断器类型、额定电压、额定电流和熔体额定电流等的确定。

熔断器的类型主要由电控系统整体设计确定，熔断器的额定电压应大于或等于实际电路的工作电压；熔断器额定电流应大于或等于所装熔体的额定电流。确定熔体电流是选择熔断器的关键，具体来说，可以参考以下几种情况：

（1）对于照明线路或电阻炉等电阻性负载，熔体的额定电流应

大于或等于电路的工作电流，即

$$I_{fN} \geqslant I$$

式中　I_{fN}——熔体的额定电流；

I——电路的工作电流。

（2）保护一台异步电动机时，考虑电动机冲击电流的影响，熔体的额定电流可按下式计算

$$I_{fN} \geqslant (1.5 \sim 2.5) I_N \tag{5—1}$$

式中　I_N——电动机的额定电流。

（3）保护多台异步电动机时，若各台电动机不同时启动，则应按下式计算

$$I_{fN} \geqslant (1.5 \sim 2.5) I_{Nmax} + \sum I_N \tag{5—2}$$

式中　I_{Nmax}——容量最大的一台电动机的额定电流；

$\sum I_N$——其余电动机额定电流的总和。

（4）为防止发生越级熔断，上、下级（即供电干、支线）熔断器间应有良好的协调配合，为此，应使上一级（供电干线）熔断器的熔体额定电流比下一级（供电支线）大 1～2 个级差。

熔断器的常见故障及其处理方法见表 5—5。

表 5—5　　熔断器的常见故障及其处理方法

故障现象	产生原因	修理方法
电动机启动瞬间熔体即熔断	1. 熔体规格选择太小 2. 负载侧短路或接地 3. 熔体安装时损伤	1. 调换适当的熔体 2. 检查短路或接地故障 3. 调换熔体
熔丝未熔断但电路不通	1. 熔体两端或接线端接触不良 2. 熔断器的螺母盖未旋紧	1. 清扫并旋紧接线端 2. 旋紧螺母盖

三、低压断路器

1. 低压断路器的结构和用途

低压断路器又称自动空气开关，在电气线路中起接通、分断和承载额定工作电流的作用，并能在线路和电动机发生过载、短路、欠电压的情况下进行可靠保护。它的功能相当于刀开关、过电流继电器、欠电压继电器、热继电器及漏电保护器等电器部分或全部的功能总和，是低压配电网中一种重要的保护电器。常用的低压断路器有 DZ 系列、DW 系列和 DWX 系列。图 5—6 所示为 DZ 系列低压断路器外形图。

低压断路器的结构示意如图 5—7 所示，低压断路器主要由触点、灭弧系统、各种脱扣器和操作机构等组成。脱扣器又分为电磁

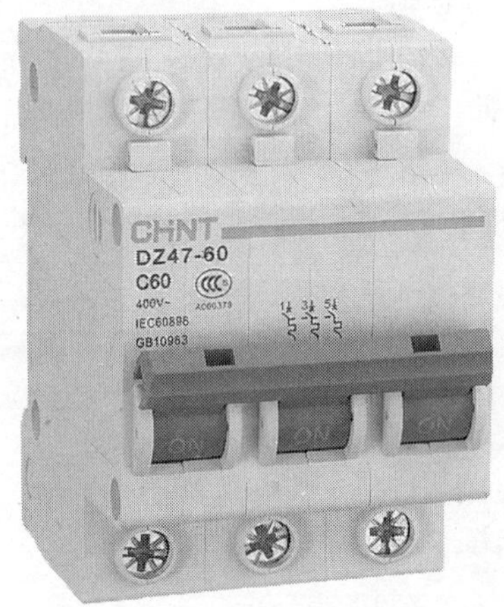

图 5—6　DZ 系列低压断路器外形

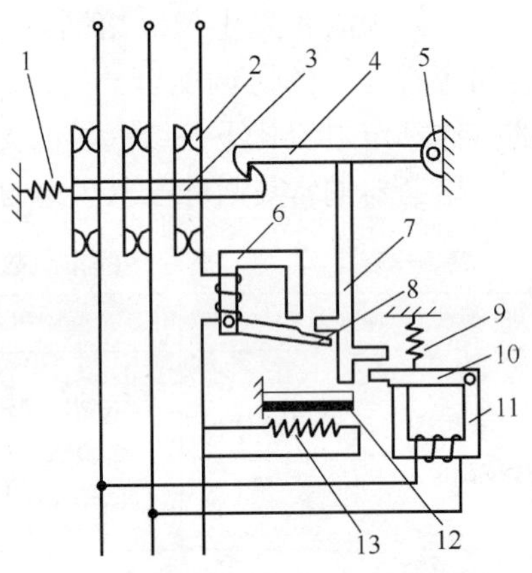

图 5—7　低压断路器结构示意图

1—弹簧　2—主触点　3—传动杆

4—锁扣　5—轴　6—电磁脱口器

7—杠杆　8、10—衔铁　9—弹簧

11—欠压脱口器　12—双金属片

13—发热元件

脱扣器、热脱扣器、复式脱扣器、欠压脱扣器和分励脱扣器五种。图 5—7 中断路器处于闭合状态，3 个主触点通过传动杆与锁扣保持闭合，锁扣可绕轴 5 转动。断路器的自动分断是由电磁脱扣器 6、欠压脱扣器 11 和双金属片 12 使锁扣 4 被杠杆 7 顶开而完成的。正常工作中，各脱扣器均不动作，而当电路发生短路、欠压或过载故障时，分别通过各自的脱扣器使锁扣被杠杆顶开，实现保护作用。

2. 低压断路器的表示方式

（1）型号　低压断路器的标志组成及其含义如下：

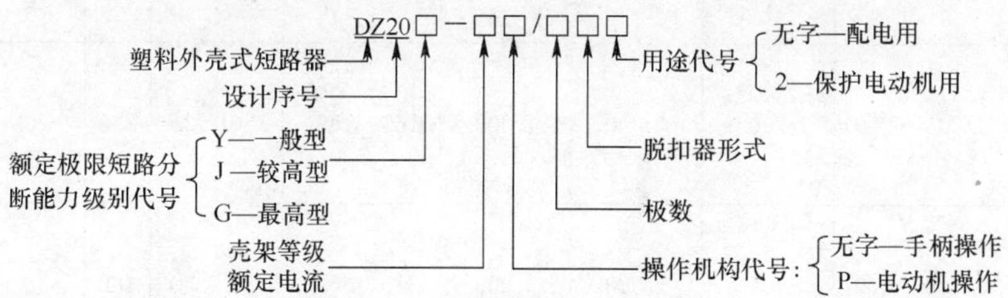

（2）电气符号　低压断路器的图形符号及文字符号如图 5—8 所示。

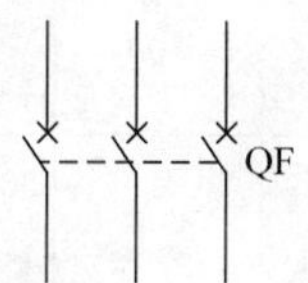

图 5—8　低压断路器图形、文字符号

3. 低压断路器的主要技术参数

低压断路器的主要技术参数有额定电压、额定电流、通断能力和分断时间等。通断能力是指断路器在规定的电压、频率以及规定的线路参数（交流电路为功率因素，直流电路为时间常数）下，能够分断的最大短路电流值。分断时间是指断路器切断故障电流所需的时间。DZ20 系列低压断路器的主要技术参数见表 5—6。

表 5—6　　**DZ20 系列低压断路器的主要技术参数**

型号	额定电流/A	机械寿命/次	电气寿命/次	过电流脱扣器范围/A	短路通断能力			
					交流		直流	
					电压/V	电流/kA	电压/V	电流/kA
DZ20Y-100	100	8 000	4 000	16、20、32、40、50、63、80、100	380	18	220	10
DZ20Y-200	200	8 000	2 000	100、125、160、180、200	380	25	220	25
DZ20Y-400	400	5 000	1 000	200、225、315、350、400	380	30	380	25
DZ20Y-630	630	5 000	1 000	500、630	380	30	380	25
DZ20Y-800	800	3 000	500	500、600、700、800	380	42	380	25
DZ20Y-1250	1 250	3 000	500	800、1 000、1 250	380	50	380	30

4. 低压断路器的选择与常见故障的处理方法

低压断路器的选择应注意以下几点：

（1）低压断路器的额定电流和额定电压应大于或等于线路、设备的正常工作电压和工作电流。

（2）低压断路器的极限通断能力应大于或等于电路最大短路电流。

（3）欠电压脱扣器的额定电压等于线路的额定电压。

（4）过电流脱扣器的额定电流大于或等于线路的最大负载电流。

使用低压断路器来实现短路保护比熔断器优越，因为当三相电路短路时，很可能只有一相的熔断器熔断，而造成断相运行。对于低压断路器来说，只要造成短路都会使开关跳闸，将三相同时切断。另外还有其他自动保护作用。但其结构复杂、操作频率低、价格较高，因此适用于要求较高的场合，如电源总配电盘。

低压断路器常见故障及其处理方法见表5—7。

表5—7　　低压断路器常见故障及其处理方法

故障现象	产生原因	修理方法
手动操作断路器不能闭合	1. 电源电压太低 2. 热脱扣的双金属片尚未冷却复原 3. 欠电压脱扣器无电压或线圈损坏 4. 储能弹簧变形，导致闭合力减小 5. 弹簧反力过大	1. 检查线路并调高电源电压 2. 待双金属片冷却后再合闸 3. 检查线路，施加电压或更换线圈 4. 更换储能弹簧 5. 重新调整弹簧反力
电动操作断路器不能闭合	1. 电源电压不符 2. 电源容量不够 3. 电磁铁拉杆行程不够 4. 电动机操作定位开关变位	1. 调换电源 2. 增大电源容量 3. 调整或调换拉杆 4. 调整操作定位开关
电动机启动时断路器立即分断	1. 过电流脱扣器瞬时整定值太小 2. 脱扣器某些零件损坏 3. 脱扣器反力弹簧断裂或落下	1. 调整瞬间整定值 2. 调换脱扣器或损坏的零部件 3. 调换弹簧或重新装好弹簧

续表

故障现象	产生原因	修理方法
分励脱扣器不能使断路器分断	1. 线圈短路 2. 电源电压太低	1. 调换线圈 2. 检修线路，调整电源电压
欠电压脱扣器噪声大	1. 反作用弹簧力太大 2. 铁心工作面有油污 3. 短路环断裂	1. 调整反作用弹簧力 2. 清除铁心工作面油污 3. 调换铁心
欠电压脱扣器不能使断路器分断	1. 反力弹簧弹力变小 2. 储能弹簧断裂或弹簧力变小 3. 机构生锈卡死	1. 调整弹簧 2. 调换或调整储能弹簧 3. 清除锈污

四、接触器

1. 接触器的结构和用途

接触器是用于远距离频繁地接通和切断交直流主电路及大容量控制电路的一种自动控制电器。其主要控制对象是电动机，也可以用于控制其他电力负载、电热器、电照明、电焊机与电容器组等。接触器具有操作频率高、使用寿命长、工作可靠、性能稳定、维护方便等优点，同时还具有低压释放保护功能，因此，在电力拖动和自动控制系统中，接触器是运用最广泛的控制电器之一。

按控制电流性质不同，接触器可分为交流接触器和直流接触器两类。图 5—9 所示为几款接触器外形图。

交流接触器常用于远距离、频繁地接通和分断额定电压至 1 140 V、电流至 630 A 的交流电路。图 5—10 所示为交流接触器的结构示意图，分别由电磁系统、触点系统、灭弧状置和其他部件组成。

交流接触器工作中，一般当施加在线圈上的交流电压大于线圈额定电压值的 85%时，铁心中产生的磁通对衔铁产生的电磁吸力克服复位弹簧拉力，使衔铁带动触点动作。触点动作时，常闭触点先

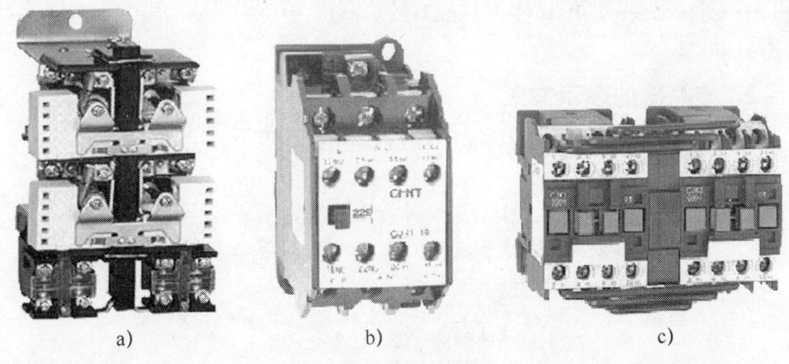

图 5—9　接触器外形

a）CZ0 直流接触器　b）CJX1 系列交流接触器

c）CJX2－N 系列可逆交流接触器

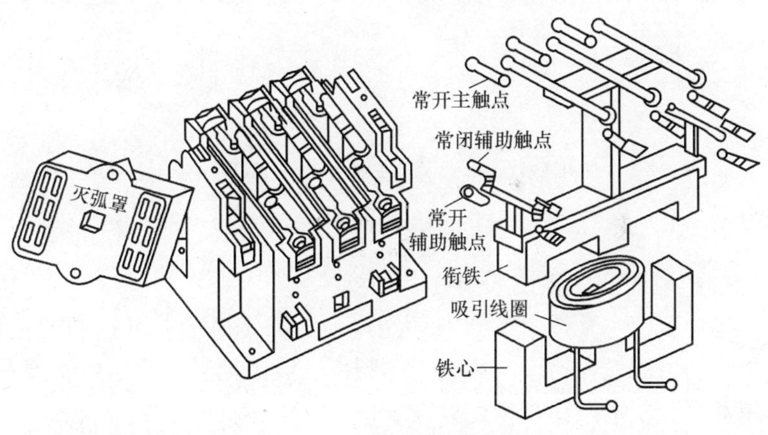

图 5—10　交流接触器结构示意图

断开，常开触点后闭合，主触点和辅助触点是同时动作的。当线圈中的电压值降到某一数值时，铁心中的磁通下降，吸力减小到不足以克服复位弹簧的拉力时，衔铁复位，使主触点和辅助触点复位。这个功能就是接触器的失压保护功能。

常用的交流接触器有 CJ10 系列可取代 CJ0、CJ8 等老产品，

CJ12、CJ12B 系列可取代 CJ1、CJ2、CJ3 等老产品，其中 CJ10 是统一设计产品。

2. 接触器的表示方式

(1) 型号　接触器的标志组成及其含义如下：

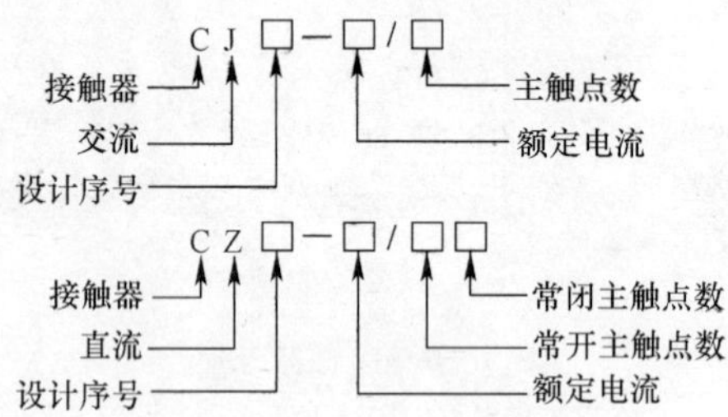

(2) 电气符号　交、直流接触器的图形符号及文字符号如图 5—11 所示。

图 5—11　接触器图形、文字符号

3. 接触器的主要技术参数

接触器的主要技术参数有额定电压、额定电流、可控制的三相异步电动机的最大功率、额定操作频率、线圈消耗功率、电气寿命、机械寿命和额定操作频率，见表 5—8。

接触器铭牌上的额定电压是指主触点的额定电压，交流有 127 V、220 V、380 V、500 V 等；直流有 110 V、220 V、440 V 等。

接触器铭牌上的额定电流是指主触点的额定电流，有 5 A、10 A、20 A、40 A、60 A、100 A、150 A、250 A、400 A 和 600 A 等。

接触器吸引线圈的额定电压交流有 36 V、110 V、127 V、220 V、380 V 等；直流有 24 V、48 V、220 V、440 V 等。

表 5—8　　　　　CJ10 系列交流接触器的技术参数

<table>
<tr><th rowspan="2">型号</th><th rowspan="2">额定电压/V</th><th rowspan="2">额定电流/A</th><th colspan="3">可控制的三相异步电动机的最大功率/kW</th><th rowspan="2">额定操作频率/(次/h)</th><th colspan="2">线圈消耗功率/(V・A)</th><th rowspan="2">机械寿命/万次</th><th rowspan="2">电气寿命/万次</th></tr>
<tr><th>220 V</th><th>380 V</th><th>550 V</th><th>启动</th><th>吸持</th></tr>
<tr><td>CJ10-5</td><td rowspan="7">380
500</td><td>5</td><td>1.2</td><td>2.2</td><td>2.2</td><td rowspan="7">600</td><td>35</td><td>6</td><td rowspan="7">300</td><td rowspan="7">60</td></tr>
<tr><td>CJ10-10</td><td>10</td><td>2.2</td><td>4</td><td>4</td><td>65</td><td>11</td></tr>
<tr><td>CJ10-20</td><td>20</td><td>5.5</td><td>10</td><td>10</td><td>140</td><td>22</td></tr>
<tr><td>CJ10-40</td><td>40</td><td>11</td><td>20</td><td>20</td><td>230</td><td>32</td></tr>
<tr><td>CJ10-60</td><td>60</td><td>17</td><td>30</td><td>30</td><td>485</td><td>95</td></tr>
<tr><td>CJ10-100</td><td>100</td><td>30</td><td>50</td><td>50</td><td>760</td><td>105</td></tr>
<tr><td>CJ10-150</td><td>150</td><td>43</td><td>75</td><td>75</td><td>950</td><td>110</td></tr>
</table>

接触器的电气寿命用其在不同使用条件下无须修理或更换零件的负载操作次数来表示。接触器的机械寿命用其在需要正常维修或更换机械零件前，包括更换触点，所能承受的无载操作循环次数来表示。额定操作频率是指接触器的每小时操作次数。

4. 接触器的选择与常见故障的修理方法

接触器的选择主要考虑以下几个方面：

（1）接触器的类型　根据接触器所控制的负载性质，选择直流接触器或交流接触器。

（2）额定电压　接触器的额定电压应大于或等于所控制线路的电压。

（3）额定电流　接触器的额定电流应大于或等于所控制电路的电流。对于电动机负载可按下列公式计算：

$$I_c=\frac{P_N}{KU_N} \tag{5—3}$$

式中　I_c——接触器主触点电流，A；

P_N——电动机额定功率，kW；

U_N——电动机额定电压，V；

K——经验系数，一般取1～1.4。

接触器常见故障及其处理方法见表5—9。

表5—9　　接触器常见故障及其处理方法

故障现象	产生原因	修理方法
接触器不吸合或吸不牢	1. 电源电压过低 2. 线圈断路 3. 线圈技术参数与使用条件不符 4. 铁心机械卡阻	1. 调高电源电压 2. 调换线圈 3. 调换线圈 4. 排除卡阻物
线圈断电，接触器不释放或释放缓慢	1. 触点熔焊 2. 铁心极面有油污 3. 触点弹簧压力过小或复位弹簧损坏 4. 机械卡阻	1. 排除熔焊故障，修理或更换触点 2. 清理铁心极面 3. 调整触点弹簧压力或更换复位弹簧 4. 排除卡阻物
触点熔焊	1. 操作频率过高或过负载使用 2. 负载侧短路 3. 触点弹簧压力过小 4. 触点表面有电弧灼伤 5. 机械卡阻	1. 调换合适的接触器或减小负载 2. 排除短路故障，更换触点 3. 调整触点弹簧压力 4. 清理触点表面 5. 排除卡阻物
铁心噪声过大	1. 电源电压过低 2. 短路环断裂 3. 铁心机械卡阻 4. 铁心极面有油垢或磨损不平 5. 触点弹簧压力过大	1. 检查线路并提高电源电压 2. 调换铁心或短路环 3. 排除卡阻物 4. 用汽油清洗极面或更换铁心 5. 调整触点弹簧压力
线圈过热或烧毁	1. 线圈匝间短路 2. 操作频率过高 3. 线圈参数与实际使用条件不符 4. 铁心机械卡阻	1. 更换线圈并找出故障原因 2. 调换合适的接触器 3. 调换线圈或接触器 4. 排除卡阻物

五、热继电器

1. 热继电器的结构和用途

电动机在运行过程中，若过载时间长，过载电流大，电动机绕组的温升就会超过允许值，使电动机绕组绝缘老化，缩短电动机的使用寿命，严重时甚至会使电动机绕组烧毁。因此，电动机在长期运行中，需要对其过载提供保护装置。热继电器是利用电流的热效应原理实现电动机的过载保护，图 5—12 所示为几种常用的热继电器外形图。

JR16系列热继电器

TRS5系列热继电器

JRS1系列热继电器

图 5—12　热继电器外形

热继电器具有反时限保护特性，即过载电流大，动作时间短；过载电流小，动作时间长。当电动机的工作电流为额定电流时，热继电器应长期不动作。其保护特性见表 5—10。

表 5—10　　热继电器的保护特性

项号	整定电流倍数	动作时间	试验条件
1	1.05	＞2 h	冷态
2	1.2	＜2 h	热态
3	1.6	＜2 min	热态
4	6	＞5 s	冷态

热继电器主要由热元件、双金属片和触点三部分组成。双金属片是热继电器的感测元件，由两种线膨胀系数不同的金属片用机械碾压而成。线膨胀系数大的称为主动层，小的称为被动层。图 5—13 所示为热继电器的结构示意图。热元件串联在电动机定子绕组中，电动机正常工作时，热元件产生的热量虽然能使双金属片弯曲，但还不能使继电器动作。当电动机过载时，流过热元件的电流增大，经过一定时间后，双金属片推动导板使继电器触点动作，切断电动机的控制线路。

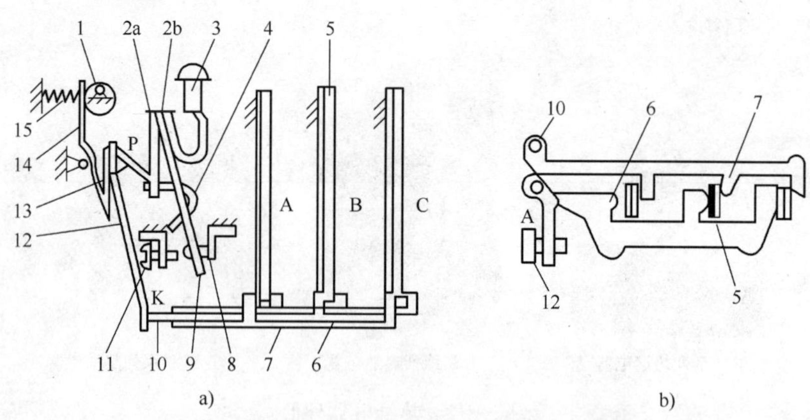

图 5—13　JR16 系列热继电器结构示意

a）结构示意图　b）差动式断相保护示意图

1—电流调节凸轮　2a、2b—簧片　3—手动复位按钮　4—弓簧
5—双金属片　6—外导板　7—内导板　8—常闭静触点
9—动触点　10—杠杆　11—调节螺钉　12—补偿双金属片
13—推杆　14—连杆　15—压簧

电动机断相运行是烧毁电动机的主要原因之一，因此要求热继电器还应具备断相保护功能，如图 5—13b 所示，热继电器的导板采用差动机构，在断相工作时，其中两相电流增大，一相逐渐冷却，这样可使热继电器的动作时间缩短，从而更有效地保护电动机。

2. 热继电器的表示方式

（1）型号　热继电器的型号标志组成及其含义如下：

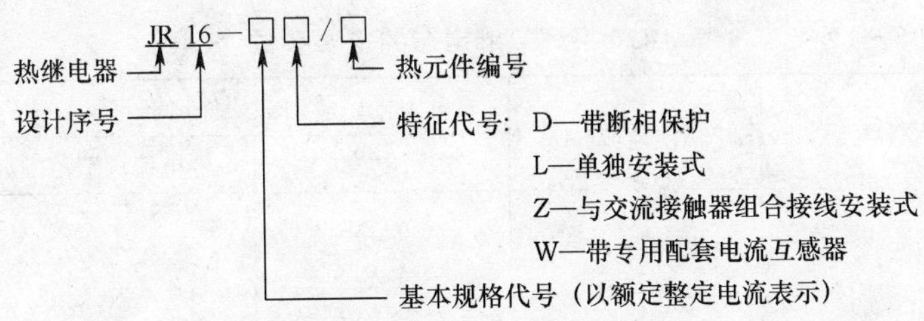

（2）电气符号　热继电器的图形符号及文字符号如图 5—14 所示。

图 5—14　热继电器图形、文字符号

a）热继电器的驱动器件　b）常闭触点

3. 热继电器的主要技术参数

热继电器的主要技术参数包括额定电压、额定电流、相数、热元件编号及整定电流调节范围等。

热继电器的整定电流是指热继电器的热元件允许长期通过又不致引起继电器动作的最大电流值。对于某一热元件，可通过调节其电流调节旋钮，在一定范围内调节其整定电流。

常用的热继电器有 JRS1、JR20、JR16、JR15、JR14 等系列，引进产品有 T，3UP、LR1 - D 等系列。

JR20、JRS1 系列具有断相保护、温度补偿、整定电流值可调、手动脱扣、手动复位、动作后的信号指示灯等功能。安装方式上除采用分立结构外，还增设了组合式结构，可通过导电杆与挂钩直接插接，可直接电气连接在 CJ20 接触器上。

表 5—11 所示是 JR16 系列热继电器的主要技术参数。

表 5—11　　JR16 系列热继电器的主要参数

型号	额定电流/A	热元件规格	
		额定电流/A	电流调节范围/A
JR16 - 20/3 JR16 - 20/3D	20	0.35 0.5 0.72 1.1 1.6 2.4 3.5 5 7.2 11 16 22	0.25～0.35 0.32～0.5 0.45～0.72 0.68～1.1 1.0～1.6 1.5～2.4 2.2～3.5 3.5～5.0 6.8～11 10.0～16 14～22
JR16 - 60/3 JR16 - 60/3D	60 100	22 32 45 63	14～22 20～32 28～45 45～63
JR16 - 150/3 JR16 - 150/3D	150	63 85 120 160	40～63 53～85 75～120 100～160

4. 热继电器的选择与常见故障的处理方法

热继电器主要用于电动机的过载保护，使用中应考虑电动机的工作环境、启动情况、负载性质等因素，具体应按以下几个方面来选择。

（1）热继电器结构形式的选择　星形接法的电动机可选用两相或三相结构热继电器；三角形接法的电动机应选用带断相保护装置的三相结构热继电器。

（2）根据被保护电动机的实际启动时间选取 6 倍额定电流下具有相应可返回时间的热继电器。一般热继电器的可返回时间大约为 6 倍额定电流下动作时间的 50%～70%。

（3）热元件额定电流一般可按下式确定：

$$I_N=(0.95\sim1.05)I_{MN} \quad (5—4)$$

式中　I_N——热元件额定电流；

I_{MN}——电动机的额定电流。

对于工作环境恶劣、启动频繁的电动机，则按下式确定：

$$I_N=(1.15\sim1.5)I_{MN} \quad (5—5)$$

热元件选好后，还需用电动机的额定电流来调整它的整定值。

（4）对于重复短时工作的电动机（如起重机电动机），由于电动机不断重复升温，热继电器双金属片的温升跟不上电动机绕组的温升，电动机便得不到可靠的过载保护。因此，不宜选用双金属片热继电器，而应选用过电流继电器或能反映绕组实际温度的温度继电器来进行保护。

热继电器的常见故障及其处理方法见表 5—12。

表 5—12　　　　热继电器的常见故障及其处理方法

故障现象	产生原因	修理方法
热继电器误动作或动作太快	1. 整定电流偏小 2. 操作频率过高 3. 连接导线太细	1. 调大整定电流 2. 调换热继电器或限定操作频率 3. 选用标准导线
热继电器不动作	1. 整定电流偏大 2. 热元件烧断或脱焊 3. 导板脱出	1. 调小整定电流 2. 更换热元件或热继电器 3. 重新放置导板并试验动作灵活性

续表

故障现象	产生原因	修理方法
热元件烧断	1. 负载侧电流过大 2. 反复 3. 短时工作 4. 操作频率过高	1. 排除故障调换热继电器 2. 限定操作频率或调换合适的热继电器
主电路不通	1. 热元件烧毁 2. 接线螺钉未压紧	1. 更换热元件或热继电器 2. 旋紧接线螺钉
控制电路不通	1. 热继电器常闭触点接触不良或弹性消失 2. 手动复位的热继电器动作后，未手动复位	1. 检修常闭触点 2. 手动复位

六、按钮

按钮是一种手动且可以自动复位的主令电器，其结构简单，控制方便，在低压控制电路中得到广泛应用。图 5—15 所示为 LA19 系列按钮外形。

图 5—15　LA19 系列按钮外形

1. 按钮的结构和用途

按钮由按钮帽、复位弹簧、桥式触点和外壳组成，其结构如图

5—16 所示。触点采用桥式触点，触点额定电流在 5 A 以下，分为常开触点和常闭触点两种。在外力作用下，常闭触点先断开，然后常开触点再闭合；复位时，常开触点先断开，常闭触点再闭合。

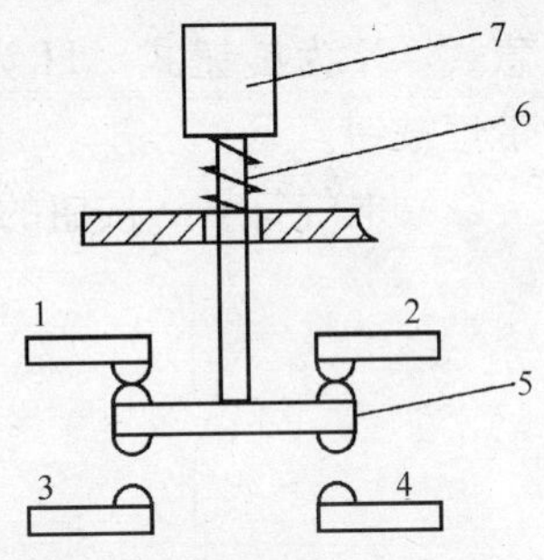

图 5—16　按钮结构示意图
1、2—常闭触点　3、4—常开触点　5—桥式触点　6—复位弹簧　7—按钮帽

按用途和结构的不同，按钮可分为启动按钮、停止按钮和复合按钮三种。

按使用场合、作用的不同，通常将按钮帽做成红、绿、黑、黄、蓝、白、灰等颜色。标准 GB 5226. 1—2008 对按钮帽颜色作了如下规定：

(1)“停止”和“急停”按钮必须是红色。

(2)“启动”按钮为绿色。

(3)“启动”与“停止”交替动作的按钮必须是黑白、白色或灰色。

(4)“点动”按钮必须是黑色。

(5)“复位”按钮必须是蓝色（如保护继电器的复位按钮）。

在机床电气设备中，常用的按钮有 LA18、LA19、LA20、LA25 和 LAY3 等系列。其中 LA25 系列按钮为通用型按钮的更新换代产品，采用组合式结构，可根据需要任意组合其触点数目，最多可组成 6 个单元。

2. 按钮的表示方式

(1) 型号　按钮型号标志组成及其含义如下：

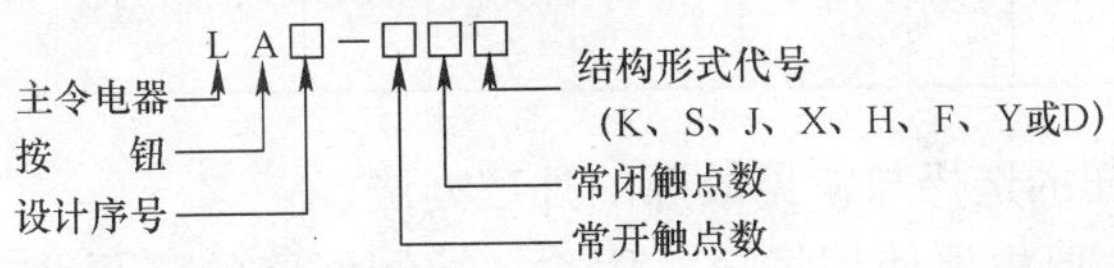

其中，结构形式代号的含义为：K 为开启式，S 为防水式，J 为

紧急式，X 为旋钮式，H 为保护式，F 为防腐式，Y 为钥匙式，D 为带灯按钮。

（2）电气符号　按钮的图形符号及文字符号如图 5—17 所示。

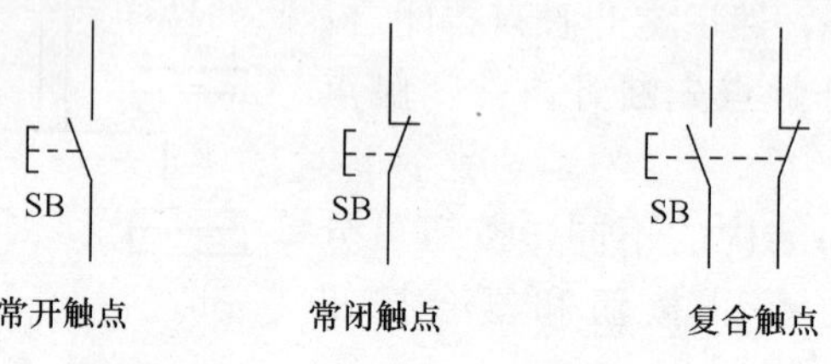

图 5—17　按钮图形、文字符号

3. 按钮的主要技术参数

按钮的主要技术参数有额定绝缘电压 U_i、额定工作电压 U_N、额定工作电流 I_N，见表 5—13。

表 5—13　　LA19 系列按钮的技术参数

<table>
<tr><th rowspan="2">型号规格</th><th colspan="2">额定电压/V</th><th rowspan="2">约定发热电流/A</th><th colspan="2">额定工作电流</th><th colspan="2">信号灯</th><th colspan="2">触点对数</th><th rowspan="2">结构形式</th></tr>
<tr><th>交流</th><th>直流</th><th>交流</th><th>直流</th><th>电压/V</th><th>功率/W</th><th>常开</th><th>常闭</th></tr>
<tr><td>LA19－11</td><td>380</td><td>220</td><td>5</td><td>380 V/0.8 A</td><td>220 V/0.3 A</td><td></td><td></td><td>1</td><td>1</td><td>一般式</td></tr>
<tr><td>LA19－11D</td><td>380</td><td>220</td><td>5</td><td></td><td></td><td>6</td><td>1</td><td>1</td><td>1</td><td>带指示灯式</td></tr>
<tr><td>LA19－11J</td><td>380</td><td>220</td><td>5</td><td rowspan="2">220 V/1.4 A</td><td rowspan="2">110 V/0.6 A</td><td></td><td></td><td>1</td><td>1</td><td>蘑菇式</td></tr>
<tr><td>LA19－11DJ</td><td>380</td><td>220</td><td>5</td><td>6</td><td>1</td><td>1</td><td>1</td><td>蘑菇带灯式</td></tr>
</table>

4. 按钮的选择与常见故障的处理办法

按钮主要根据使用场合、用途、控制回路的需要及工作状况等进行选择。

(1) 根据使用场合，选择控制按钮的种类，如开启式、防水式、防腐式等。

(2) 根据用途，选用合适的形式，如钥匙式、紧急式、带灯式等。

(3) 根据控制回路的需要，确定不同的按钮数，如单钮、双钮、三钮、多钮等。

(4) 根据工作状态指示和工作情况的要求，选择按钮及指示灯的颜色。

按钮的常见故障及其处理方法见表 5—14。

表 5—14　　按钮的常见故障及其处理方法

故障现象	产生原因	修理方法
按下启动按钮时有触电感觉	1. 按钮的防护金属外壳与连接导线接触 2. 按钮帽的缝隙间充满铁屑，使其与导电部分形成通路	1. 检查按钮内连接导线 2. 清理按钮及触点
按下启动按钮，不能接通电路，控制失灵	1. 接线头脱落 2. 触点磨损松动，接触不良 3. 动触点弹簧失效，使触点接触不良	1. 检查启动按钮连接线 2. 检修触点或调换按钮 3. 重绕弹簧或调换按钮
按下停止按钮，不能断开电路	1. 接线错误 2. 尘埃或机油、乳化液等流入按钮形成短路 3. 绝缘击穿短路	1. 更改接线 2. 清扫按钮并采取相应密封措施 3. 调换按钮

七、行程开关

1. 行程开关的结构和用途

行程开关是一种利用生产机械的某些运动部件的碰撞来发出控制指令的主令电器，用于控制生产机械的运动方向、行程大小和位置保护。当行程开关用于位置保护时，又称限位开关。

行程开关的种类很多，常用的有按钮式、单轮旋转式和双轮旋转式，它们的外形如图 5—18 所示。

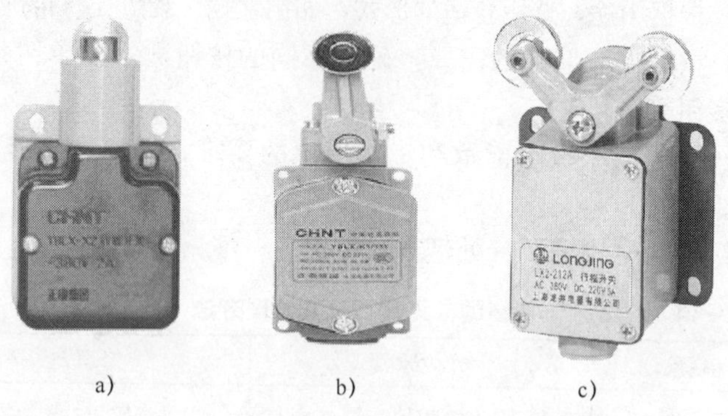

图 5—18　行程开关外形

a）按钮式　b）单轮旋转式　c）双轮旋转式

各种系列的行程开关其基本结构大体相同，都是由操作头、触点系统和外壳组成，其结构如图5—19所示。操作头接受机械设备发出的动作指令或信号，并将其传递到触点系统，触点再将操作头传

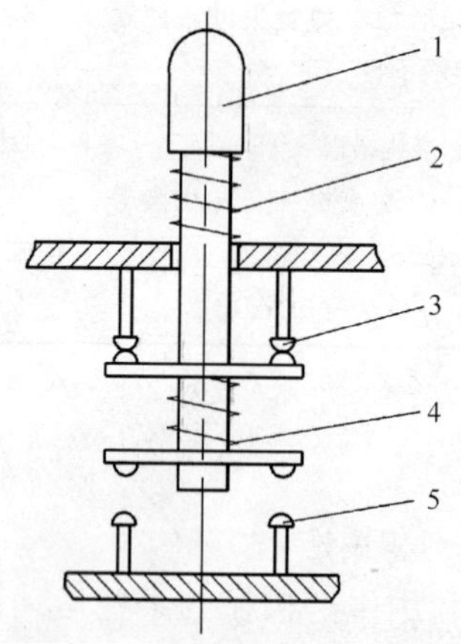

图 5—19　行程开关结构示意图

1—顶杆　2—弹簧　3—常闭触点　4—触点弹簧　5—常开触点

递来的动作指令或信号通过本身的结构功能变成电信号，输出到有关控制回路。

2. 行程开关的表达方式

(1) 型号　行程开关的型号标志组成及其含义如下：

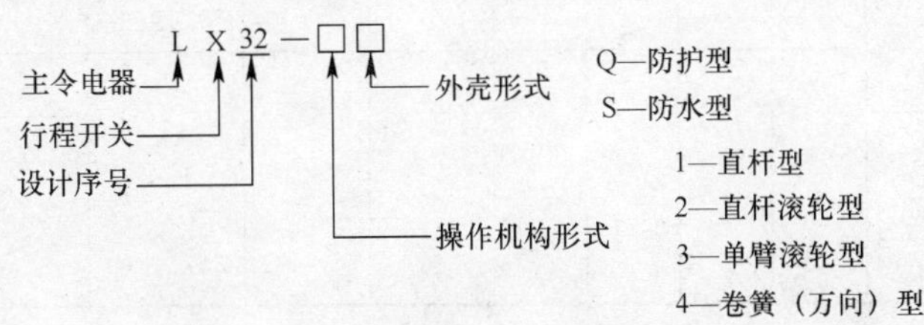

(2) 电气符号　行程开关的图形符号及文字符号如图 5—20 所示。

图 5—20　行程开关图形、文字符号

3. 行程开关的主要技术参数

行程开关的主要技术参数有额定电压、额定电流、触点数量、动作行程、触点转换时间、动作力等，见表 5—15。

表 5—15　　LX19 系列行程开关的技术参数

型号	触点数量		额定电压/A		额定电流/A	触点转换时间/s	动作力/N	动作行程/mm 或角度
	常开	常闭	交流	直流				
LX19-001	1	1	380	220	5	≤0.4	≤9.8	1.5～3.5 mm
LX19-111							≤7	≤30°

续表

型号	触点数量		额定电压/A		额定电流/A	触点转换时间/s	动作力/N	动作行程/mm或角度
	常开	常闭	交流	直流				
LX19－121							≤19.6	
LX19－131								
LX19－212								
LX19－222								≤60°
LX19－232								

4. 行程开关的选择

目前，国内生产的行程开关品种规格很多，较为常用的有LXW5、LX19、LXK3、LX32、LX33等系列。新型3SES3系列行程开关的额定工作电压为500 V，额定电流为10 A，其机械、电气寿命比常见行程开关更长。LXW5系列为微动开关。行程开关在选用时，应根据不同的使用场合，满足额定电压、额定电流、复位方式和触点数量等方面的要求。

操作训练

一、操作指南

1. 检修步骤及工艺要求

（1）在操作师傅的指导下对车床进行操作，了解车床的各种工作状态及操作方法。

（2）在操作师傅的指导下，参照电气位置图和机床接线图，熟悉车床电气元件的分布位置和走线情况。

（3）进行检修

1）用通电试验法观察故障现象。

2）根据故障现象，依据电路图用逻辑分析法确定故障范围。

3）采取正确的检查方法查找故障点，并排除故障。

4）检修完毕进行通电试验，并做好维修记录。

2. 注意事项

（1）熟悉 CA6140 车床电气控制线路的基本环节及控制要求。

（2）检修所用工具、仪表，应符合使用要求。

（3）排除故障时，必须修复故障点，但不得用元件代换。

（4）检修时，严禁扩大故障范围或产生新的故障。

（5）带电检修时，必须有其他电工监护，以确保安全。

二、操作训练

根据故障现象，正确检修 CA6140 车床电气控制线路。如图 5—21 所示。

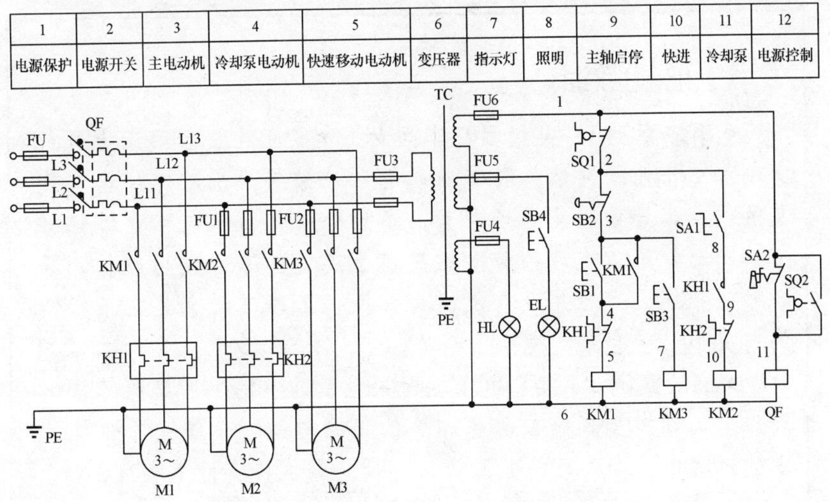

图 5—21　CA6140 车床电气控制线路图

（1）KM1 接触器不吸合，主轴电动机不工作。

（2）CA6140 车床主电动机缺相不能运转。

作业项目2　M7120普通磨床电气线路的调试与维修

操作误区

禁忌1　在电气维修完毕试车的过程中，维修电工忽视了砂轮与电磁吸盘上工件的距离太近，导致在试车的过程中，砂轮与电磁吸盘上的工件发生碰撞，造成砂轮的损坏。

禁忌2　将维修后的电磁吸盘安装完毕，维修工在未检查电磁吸盘吸力是否达到要求的前提条件下，直接试车运行，导致砂轮将工件打飞发生人身事故。

血的教训

◆**事故案例1**　某模具厂车间女工李某正在一台磨床上进行磨削加工作业。突然，高速旋转的砂轮破裂飞出，碎片击中沈某的头部，导致沈某当场身亡。事后分析是由于电工在维修磨床试车时，不慎使砂轮与电磁吸盘上工件的工件发生碰撞，导致砂轮损坏，事后并没有及时告知操作工李某，李某在不知情的情况下启动磨床，发生了事故。

◆**事故案例2**　某厂电工在对一台新购置的平面磨床连接电源线后，没有及时检查电源相序的正确与否，致使操作工在试车的过程中，由于砂轮升降方向变反，造成设备撞击事故。

专家提示

1. 进行砂轮升降试车时，要密切注意运动部件的位置，并注意进给方向，以防止砂轮与电磁吸盘或工件相撞产生设备事故。

2. 电磁吸盘不能采用交流供电，交流电的大小、方向都随时间变化而变化，所以磁场也会发生变化，这样变化的磁场会引起工件的震动，影响加工精度。

3. 当吸盘线圈出现断线（或接触不良）故障时，电磁吸盘会因电流偏低而造成吸力不足，而此时如果整流输出的电压正常，则欠电压继电器将不会动作从而失去保护作用，造成事故的发生。因此，新更换或者维修后的电磁吸盘安装完毕，应对其电磁吸力是否充足，做一测试后，才可以让机床运转做加工测试。

相关知识

一、继电器及其分类

1. 继电器的定义和作用

继电器是根据某种输入信号的变化，接通或断开控制电路，实现自动控制和保护电力装置的自动电器。无论继电器的输入量是电量还是非电量，继电器工作的最终目的总是控制触点的分断或闭合，而触点又是控制电路通断的，就这一点来说，接触器与继电器是相同的。但是它们又有区别，主要表现在两个方面：一是所控制的线路不同。继电器用于控制电信线路、仪表线路、自控装置等小电流电路及控制电路；接触器用于控制电动机等大功率、大电流电路及主电路。二是输入信号不同。继电器的输入信号可以是各种物理量，如电压、电流、时间、压力、速度等，而接触器的输入信号只有电压。

2. 继电器的分类

（1）按输入信号分类　可分为电压继电器、电流继电器、功率继电器、速度继电器、压力继电器、温度继电器等。

（2）按工作原理分类　可分为电磁式继电器、感应式继电器、电动式继电器、电子式继电器、热继电器等。

(3) 按输出形式分类　可分为有触点继电器和无触点继电器。

二、电磁式继电器

1. 电磁式继电器的结构和用途

在低压控制系统中，采用的继电器大部分是电磁式继电器，电磁式继电器的结构及工作原理与接触器基本相同。主要区别在于：继电器是用于切换小电流电路的控制电路和保护电路，而接触器是用来控制大电流电路；继电器没有灭弧装置，也无主触点和辅助触点之分。图 5—22 所示为几种常用电磁式继电器的外形图。

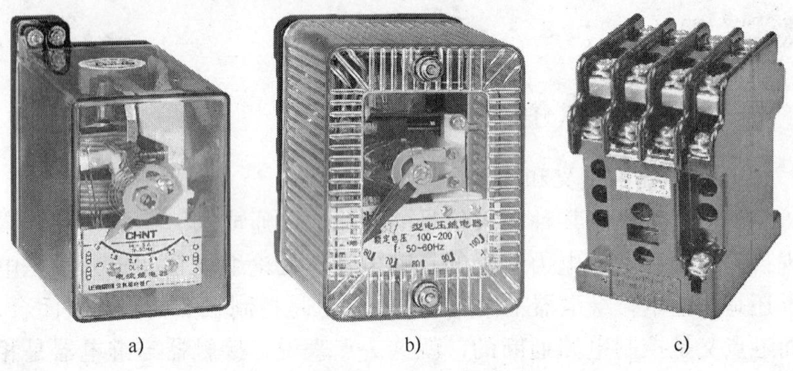

a)　　b)　　c)

图 5—22　电磁式继电器外形

a）电流继电器　b）电压继电器　c）中间继电器

电磁式继电器的典型结构如图 5—23 所示，主要由电磁机构和触点系统组成。按吸引线圈电流的类型，可分为直流电磁式继电器和交流电磁式继电器。按其在电路中的连接方式，可分为电流继电器、电压继电器和中间继电器。

(1) 电流继电器　电流继电器的线圈与被测电路串联，以反映电路电流的变化。其线圈匝数少、导线粗、线圈阻抗小。电流继电器除用于电流型保护的场合外，还经常用于按电流原则控制的场合。电流继电器有欠电流继电器和过电流继电器两种。

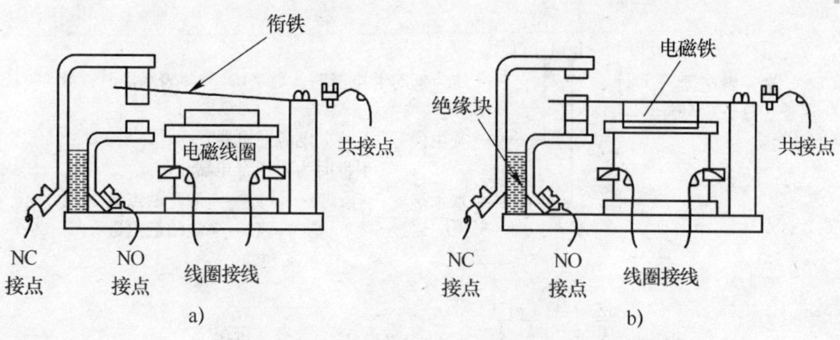

图 5—23　电磁式继电器结构示意图

a）线圈未通电　b）线圈通电

（2）电压继电器　电压继电器反映的是电压信号。使用时，电压继电器的线圈并联在被测电路中，线圈的匝数多、导线细、阻抗大。继电器根据所接线路电压值的变化，处于吸合或释放状态。根据动作电压值的不同，电压继电器可分为欠电压继电器和过电压继电器两种。

（3）中间继电器　中间继电器实质上是电压继电器，只是触点对数多，触点容量较大（额定电流 5～10 A）。其主要用途为：当其他继电器的触点对数或触点容量不够时，可以借助中间继电器来扩展它们的触点数或触点容量，起到信号中继作用。

中间继电器体积小、动作灵敏度高，并在 10 A 以下电路中可代替接触器起控制作用。

2. 电磁式继电器的表示方式

（1）型号　电磁式继电器的标志组成及其含义如下：

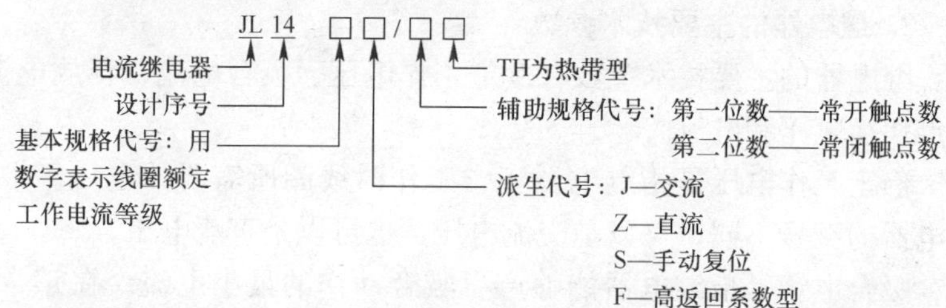

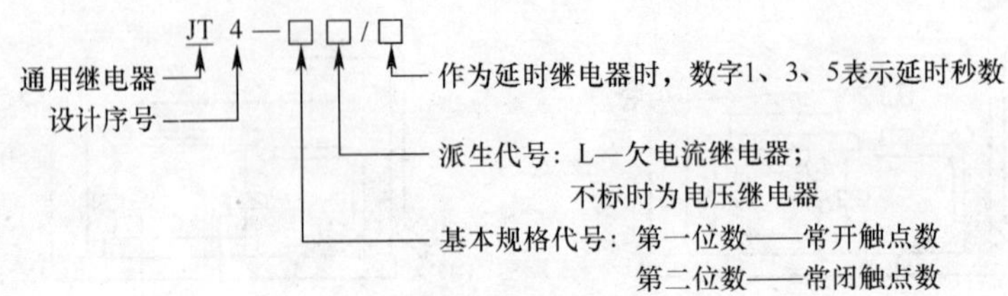

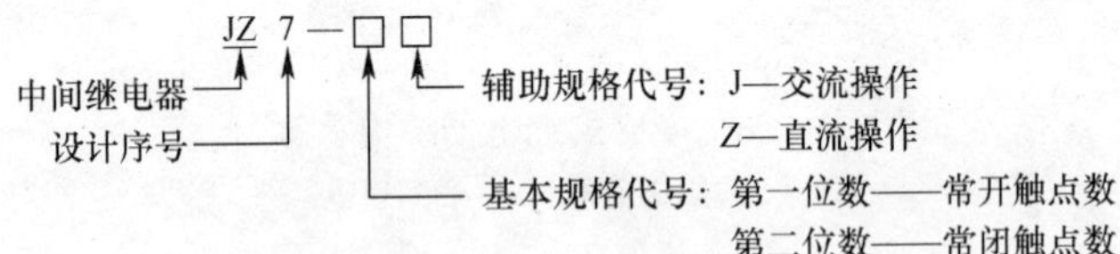

（2）电气符号　电磁式继电器的图形符号及文字符号如图 5—24 所示，电流继电器的文字符号为 KI，电压继电器的文字符号为 KV，中间继电器的文字符号为 KA。

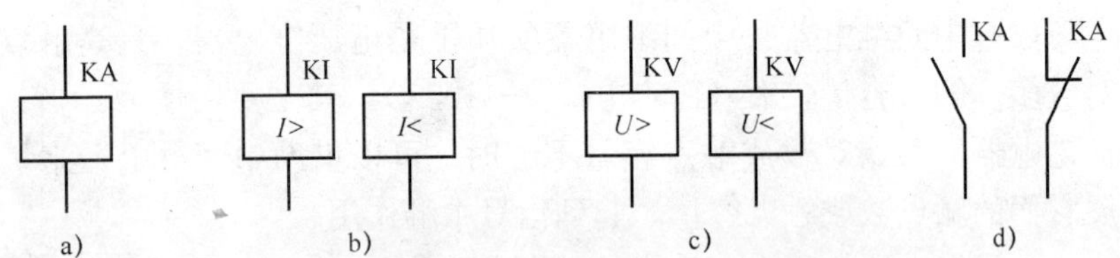

图 5—24　电磁式继电器图形、文字符号

a）中间继电器线圈　b）电流继电器线圈　c）电压继电器线圈

d）中间继电器常开、常闭触点

3. 继电器的主要技术参数

继电器的主要技术参数有额定工作电压、吸合电流、释放电流、触点切换电压和电流。

额定工作电压是指继电器正常工作时线圈所需要的电压。根据继电器的型号不同，可以是交流电压，也可以是直流电压。

吸合电流是指继电器能够产生吸合动作的最小电流。在正常使用时，给定的电流必须略大于吸合电流，这样继电器才能稳定工作。而对于线圈所加的工作电压，一般不应超过额定工作电压的 1.5 倍，否则会产生较大的电流而把线圈烧毁。

释放电流是指继电器产生释放动作的最大电流。当继电器吸合状态的电流减小到一定程度时，继电器就会恢复到未通电的释放状态。这时的电流远远小于吸合电流。

触点切换电压和电流是指继电器允许加载的电压和电流。它决定了继电器能控制电压和电流的大小，使用时不能超过此值，否则很容易损坏继电器的触点。常用电磁式继电器有 JL14、JL18、JZ15、3TH80、3TH82 及 JZC2 系列。其中 JL14 系列为交直流电流继电器，JL18 系列为交直流过电流继电器，JZ15 为中间继电器，3TH80、3TH82 与 JZC2 类似，为接触器式继电器。表 5—16、表 5—17 分别列出了 JL14、JZ7 系列继电器的技术数据。

表 5—16　　JL14 系列交直流电流继电器技术数据

<table>
<tr><th>电流种类</th><th>型号</th><th>吸引线圈额定电流/A</th><th>吸合电流调整范围</th><th>触点组合形式</th><th>用途</th><th>备注</th></tr>
<tr><td rowspan="2">直流</td><td>JL14-□□Z
JL14-□□ZS</td><td rowspan="3">1，1.5，2.5，5，10，15，25，40，60，300，600，1 200，1 500</td><td>70%～300% I_N</td><td rowspan="2">3 常开，3 常闭
2 常开，1 常闭
1 常开，2 常闭
1 常开，1 常闭</td><td rowspan="3">在控制电路中过电流或欠电流保护用</td><td rowspan="3">可替代 JT3-1 JT4-JJT4-S JL3 JL3-JJL3-S 等老产品</td></tr>
<tr><td>JL14-□□ZO</td><td>30%～65%I_N 或释放电流在 10%～20% I_N范围</td></tr>
<tr><td>交流</td><td>JL14-□□J
JL14-□□JS
JL14-□□JG</td><td>110%～400% I_N</td><td>2 常开，2 常闭
1 常开，1 常闭
1 常开，1 常闭</td></tr>
</table>

表 5—17　　　　JZ7 系列中间继电器的技术参数

<table>
<tr><th rowspan="2">型号</th><th rowspan="2">触点额定电压/V</th><th rowspan="2">触点额定电流/A</th><th colspan="2">触点对数</th><th rowspan="2">吸引线圈电压/V(交流 50 Hz)</th><th rowspan="2">额定操作频率/(次/h)</th><th colspan="2">线圈消耗功率/(V·A)</th></tr>
<tr><th>常开</th><th>常闭</th><th>启动</th><th>吸持</th></tr>
<tr><td>JZ7-44</td><td>500</td><td>5</td><td>4</td><td>4</td><td rowspan="3">12，36，127，220，380</td><td rowspan="3">1 200</td><td>75</td><td>12</td></tr>
<tr><td>JZ7-62</td><td>500</td><td>5</td><td>6</td><td>2</td><td>75</td><td>12</td></tr>
<tr><td>JZ7-80</td><td>500</td><td>5</td><td>8</td><td>0</td><td>75</td><td>12</td></tr>
</table>

4. 电磁式继电器的选择与常见故障及检修方法

继电器是组成各种控制系统的基础元件，选用时应综合考虑继电器的适用性、功能特点、使用环境、工作制、额定工作电压及额定工作电流等因素，做到合理选择。具体应从以下几方面考虑：

(1) 类型和系列的选用。

(2) 使用环境的选用。

(3) 使用类别的选用　典型用途是控制交、直流电磁铁，例如交、直流接触器线圈。使用类别如 AC-11、DC-11。

(4) 额定工作电压、额定工作电流的选用。继电器线圈的电流种类和额定电压，应注意与系统要一致。

(5) 工作制的选用。工作制不同，对继电器的过载能力要求也不同。

电磁式继电器的常见故障及检修方法与接触器类似。

三、时间继电器

1. 时间继电器的种类和延时方式

(1) 时间继电器的种类　在自动控制系统中，需要有瞬时动作的继电器，也需要延时动作的继电器。时间继电器就是利用某种原理实现触点延时动作的自动电器，经常用于时间控制原则进行控制的场合。其种类主要有空气阻尼式、电磁阻尼式、电子式和电动式。

（2）时间继电器的延时方式 时间继电器的延时方式有以下两种：

1）通电延时 接受输入信号后延迟一定的时间，输出信号才发生变化。当输入信号消失后，输出瞬时复原。

2）断电延时 接受输入信号时，瞬时产生相应的输出信号。当输入信号消失后，延迟一定的时间，输出才复原。

2. 空气阻尼式时间继电器的结构和用途

空气阻尼式时间继电器是利用空气阻尼原理获得延时，其结构由电磁系统、延时机构和触点三部分组成。电磁机构为双正直动式，触点系统用 LX5 型微动开关，延时机构采用气囊式阻尼器。图 5—25 所示为 JS7 系空气阻尼式时间继电器外形图。

图 5—25 JS7 系空气阻尼式时间继电器外形

空气阻尼式时间继电器的电磁机构可以是直流的，也可以是交流的；既有通电延时型，也有断电延时型。只要改变电磁机构的安装方向，便可实现不同的延时方式：当衔铁位于铁心和延时机构之间时为通电延时，如图 5—26a 所示；当铁心位于衔铁和延时机构之间时为断电延时，如图 5—26b 所示。

空气阻尼式时间继电器的特点是：延时范围较大（0.4～180 s），

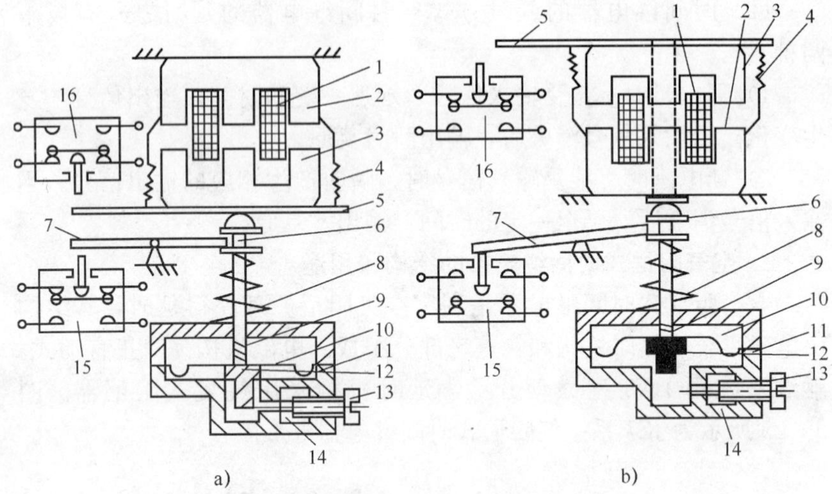

图 5—26　JS7 - A 系列空气阻尼式时间继电器结构原理图

a）通电延时型　b)断电延时型

1—线圈　2—铁心　3—衔铁　4—反力弹簧　5—推板　6—活塞杆

7—杠杆　8—塔形弹簧　9—弱弹簧　10—橡皮膜　11—空气室壁

12—活塞　13—调节螺钉　14—进气孔　15、16—微动开关

结构简单，寿命长，价格低。但其延时误差较大，无调节刻度指示，难以确定整定延时值。在对延时精度要求较高的场合，不宜使用这种时间继电器。

3. 时间继电器的表示方式

（1）型号　时间继电器的标志组成及其含义如下：

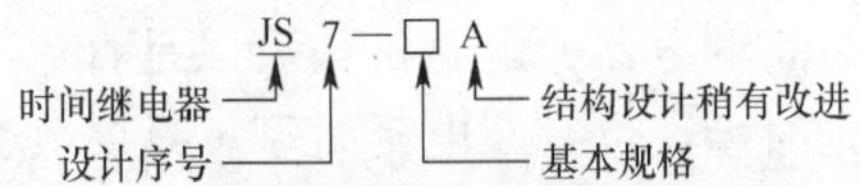

（2）电气符号　时间继电器的图形符号及文字符号如图 5—27 所示。

4. 时间继电器的主要技术参数

时间继电器的主要技术参数有额定工作电压、额定发热电流、额定控制容量、吸引线圈电压、延时范围、环境温度、延时误差和

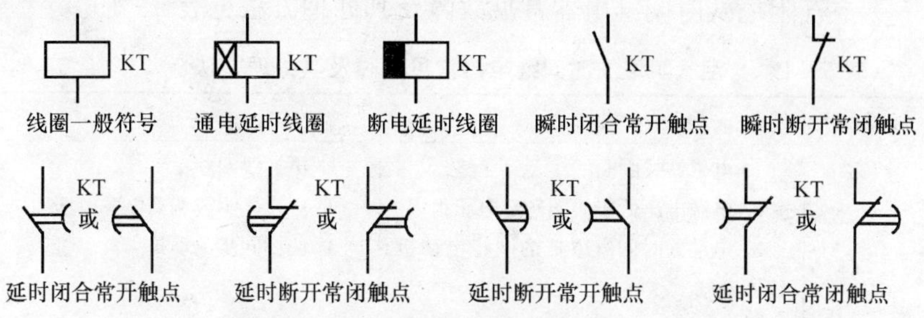

图 5—27　时间继电器图形及文字符号

操作频率，见表 5—18。

表 5—18　JS7 - A 系列空气阻尼式时间继电器的技术数据

型号	吸引线圈电压/V	触点额定电压/V	触点额定电流/A	延时范围/s	延时触点				瞬动触点	
					通电延时		断电延时		常开	常闭
					常开	常闭	常开	常闭		
JS7 - 1 A	24，36，110，127，220，380，420	380	5	0.4～60 及 0.4～180	1	1	—	—	—	—
JS7 - 2 A					1	1	—	—	1	1
JS7 - 3 A					—	—	1	1	—	—
JS7 - 4 A					—	—	1	1	1	1

5. 时间继电器的选择

时间继电器形式多样，各具特点，选择时应从以下几方面考虑：

（1）根据控制电路对延时触点的要求选择延时方式，即通电延时型或断电延时型。

（2）根据延时范围和精度要求选择继电器类型。

（3）根据使用场合、工作环境选择时间继电器的类型。如电源电压波动大的场合可选空气阻尼式或电动式时间继电器，电源频率不稳定的场合不宜选用电动式时间继电器；环境温度变化大的场合不宜选用空气阻尼式和电子式时间继电器。

空气阻尼式时间继电器常见故障及其处理方法见表5—19。

表5—19　空气阻尼式时间继电器常见故障及其处理方法

故障现象	产生原因	修理方法
延时触点不动作	1. 电磁铁线圈断线 2. 电源电压低于线圈额定电压很多 3. 电动式时间继电器的同步电动机线圈断线 4. 电动式时间继电器的棘爪无弹性，不能刹住棘齿 5. 电动式时间继电器游丝断裂	1. 更换线圈 2. 更换线圈或调高电源电压 3. 调换同步电动机 4. 调换棘爪 5. 调换游丝
延时时间缩短	1. 空气阻尼式时间继电器的气室装配不严，漏气 2. 空气阻尼式时间继电器的气室内橡皮薄膜损坏	1. 修理或调换气室 2. 调换橡皮薄膜
延时时间变长	1. 空气阻尼式时间继电器的气室内有灰尘，使气道阻塞 2. 电动式时间继电器的传动机构缺润滑油	1. 清除气室内灰尘，使气道畅通 2. 加入适量的润滑油

操作训练

一、操作指南

1. 检修要点

（1）用通电试验方法发现故障现象，进行故障分析，并在电气原理图中用虚线标出最小故障范围。

（2）由于受到振动、受潮、高温、异物侵入、电动机负载及线路长期过载运行、启动频繁、安装质量低劣和调整不当等原因造成的“自然”故障。

（3）切忌改动线路、换线、更换电气元件等由于人为原因造成的非“自然”的故障点。

（4）注意检修安全，一人检修，一人在旁观看，随时做好采取应急措施的准备。

2. 操作步骤

（1）先熟悉原理，再进行正确的通电试车操作。

（2）熟悉电气元件的安装位置，明确各电气元件作用。

（3）正确的使用仪表确定故障范围。

3. 操作要求

（1）根据故障现象，先在原理图中正确标出最小故障范围的线段，然后采用正确的检查和排故方法排除故障。

（2）排除故障时，一般应复查故障点，尽量不要采用更换电气元件、借用触点及改动线路的方法。

（3）检修时，严禁扩大故障范围或产生新的故障，并不得损坏电气元件。

4. 操作注意事项

（1）设备应在指导操作工的指导下操作，注意安全第一。设备通电后，严禁在电器侧随意扳动电气元件。尽量采用不带电检修。若带电检修，必须有其他电工在现场监护。

（2）必须安装好各电动机、支架接地线，操作前要仔细查看各接线端，有无松动或脱落，以免通电后发生意外或损坏电器。

（3）在操作中若发出不正常声响，应立即断电，查明故障原因待修。

（4）发现熔体熔断，找出故障后，方可更换同规格熔体。

（5）在维修设置故障中不要随便互换线端处号码管。

（6）操作时用力不要过大，速度不宜过快；操作频率不宜过于频繁。

（7）维修结束后，应拔出电源插头，将各开关置于分断位。

（8）做好维修记录。

二、操作训练

根据线路图，分析并排除磨床常见的电气故障。如图 5—28 所示。

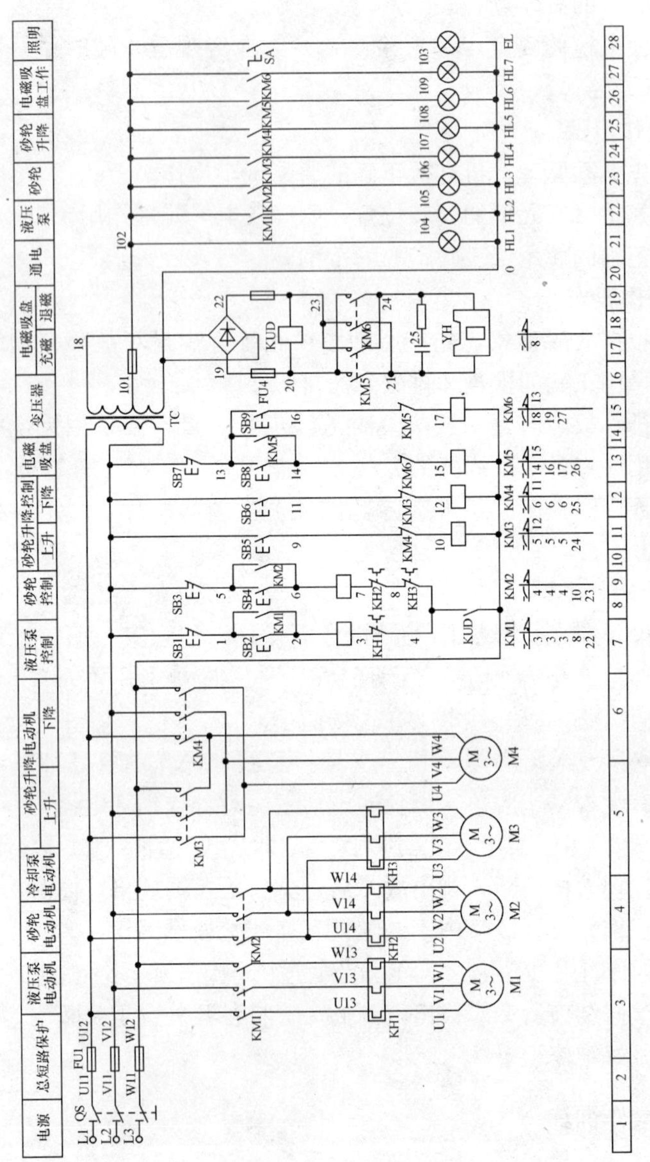

图 5—28 M7120 型平面磨床电气原理图

故障现象：

1. 磨床中的电动机都不能启动。
2. 电磁吸盘没有吸力。
3. 电磁吸盘吸力不足。
4. 电磁吸盘退磁效果差，退磁后工件难以取下。

作业项目3　起重机电气线路的调试与维修

操作误区

禁忌1　对起重器的电气设备进行维修时，用铁壳开关或空气开关代替主隔离开关。

禁忌2　起重机没有工作零线时，直接采用三根滑线供电，220 V电源用金属结构做回路；音响联系信号电源采用220 V电源做工作电源。

禁忌3　起重机在总电源上装设不能自动复位的紧急断电开关或者不能够自动复位的按钮，当电源恢复供电时，不经手动操作，主电源接触器能自行接通。

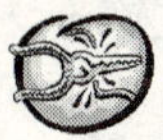

血的教训

◆**事故案例1**　某中板厂一台起重量为15 t的桥式起重机主卷扬失灵不能起吊，该车司机将起重机出现的故障报给副班长，副班长马上联系电工上车去检查原因，并要求该司机在车上监护。这时，班长看到起重机因故障停止了作业，为了不影响生产，便上车安排该司机到另一台起重机上面继续工作。电工与班长一同对故障进行检查，查了一会儿，电工要班长去操作室开车试车，电工留在桥架上进行观察。试车后未发现问题，班长又来到起重机桥架上与电工继续查找，过会儿电工又让班长到操作室再开车试试，他仍然留在桥架上进行观察，班长此时鸣铃试车，吊钩仍不能升降，便询问车顶上的电工还要不要试结果，无人应答，班长再次上去，却发现电工倒在桥架端梁角上。事故原因是电工在无人监护时带电违章进行检查，在试车观察过程中，不慎失足，将右手扑在小车滑线上，造成触电事故。

◆**事故案例2** 某县物资中转站机修班长S带领机修工C、F二人准备为码头8 t电动轮胎起重机铺设新的电缆线时，S一人进入正在运行作业的8 t电动轮胎起重机底部实施电缆线捆扎整理工作。由于S未对作业现场进行事前检查，不知道该起重机底部机架在起重机运行时产生漏电，却盲目进入了危险区域，当将其准备把捆扎整理好的电缆线用铁丝吊在起重机底部机架上时，即遭触电。当时与其一起工作的另一名机修工F将S从机架下面拉出，现场有关人员对其进行了人工呼吸，并急送医院，经抢救无效死亡。S事前未对机架进行验电测试检查，未发现起重机底部机架在起重机运行时产生漏电，盲目进行危险区域；同时，亦未按安全规定穿戴和配备好相应的劳动保护用品；其次该起重机没有按安全要求安装有效的漏电保护器，其用电未有接地接零保护，导致受害者触电时，得不到有效保护。

专家提示

1. 检查起重机设备时，均应在断电的情况下进行。隔离开关在断开时，必须保持有效的断开距离和明显的可见断开点，使维修人员能够直观的确认总电源电路已经断开。空气开关和铁壳开关在断开时，有时与状态不符，无明显可见的断开点，不能作为隔离开关使用，否则容易发生触电事故。

2. 起重机总电源的短路保护，要求每一相必须都设置，以保证任何两相间或任何一相对地发生短路时，熔断器熔体熔断或自动断路器动作。多台起重机共用一组滑线时，设置一个地面总电源开关，每台起重机上都另行设置熔断器或自动断路器，作为电源短路保护装置。

3. 起重机上总电源后应装设能够自动复位按钮，在总电源中断后能够自动断开总电源回路，恢复供电时，不经手动操作，总电源不能自行接通，防止操作人员没有发现总电源有电，有意或无意碰触控制器，造成误动作，导致意外事故发生。

4. 起重机必须设置总电源接触器，所有机构的动力电源线必须全部从电源接触器出线端引接，这样才能保证起重机遇到紧急情况时能立即切断电源。在维修中不能强行将主电源接触器闭合，造成电气保护装置失效，使起重机工作在危险状态。

5. 起重机上无零线时，固定式照明电源电压不应超过220 V，当起重机采用三根滑线供电时，220 V电源必须采用380/220 V隔离变压器取得，严禁用金属结构做回路，尤其不得采用车轮与轨道的接触做220 V回路。否则，在车轮轨道间断路或接触不良时，吊钩、钢丝绳、金属结构上的电位可能达到220 V，容易发生触电事故。

6. 起重机音响联系信号在工作中操作频繁，为了防止因触电而造成人身伤害，起重机司机音响联系信号电源电压应控制在36 V以下，安全电压由隔离变压器供电。

相关知识

凸轮控制器主要用于起重设备中控制小型绕线式转子异步电动机的启动、停止、调速、换向和制动。

一、凸轮控制器的结构原理

1. 凸轮控制器的结构

常用的凸轮控制器外形、结构及符号如图 5—29 所示。

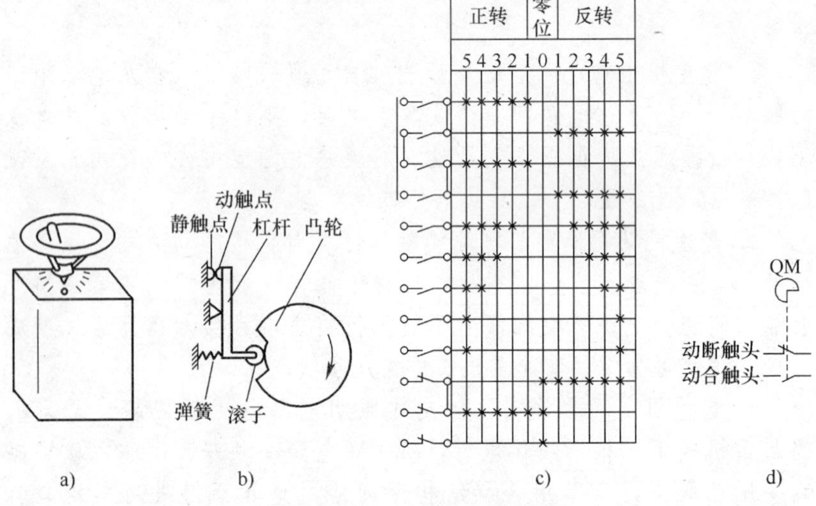

图 5—29　凸轮控制器

a）外形　b）凸轮工作原理　c）触头分合展开图　d）符号

2. 凸轮控制器的工作原理

凸轮控制器的转轴上套有凸轮片，当手轮经转轴带动转位时，使触点断开或闭合。由于这些凸轮片的形状不相同，因此触点的闭合规律也不相同，因而实现不同的控制要求。手轮在转动时中间为零位，向左、向右都可以转动到不同的挡位。

为了表明凸轮控制器的触点分合情况，通常用展开图来表示，如图 5—29c 所示。展开图中“正转”“反转”和“零位”的“1”～“5”及“0”表示手轮的 11 个位置。展开图左边（有时画在中间）就是凸轮控制器上 12 个触点。触点的符号表示当手轮在零位时的通断状态，各触点在手轮的 11 个位置时有“×”或“·”表示触点是闭合的，无此标记表示断开。例如，手轮在正转“3”位置时，从上往下的触点 1，3，5，6 和 11 有记号“×”，它们是闭合的，而其余触点都处于断开状态。两触点之间有短接线的（如 1 和 4 的左边短画线）表示它们一直是接通的。

3. 控制器型号意义

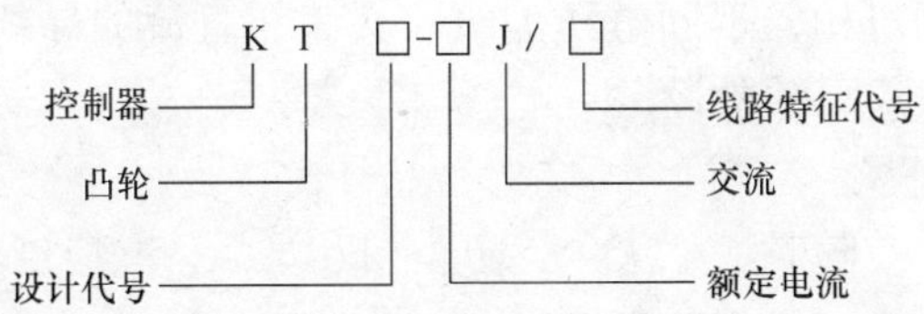

二、操作指南

起重机的电气设备必须保证传动性能和控制性能准确可靠，在紧急情况下能切断电源安全停车。在安装、维修、调整和使用中不得任意改变电路，以免安全装置失效。

1. 供电电源

起重机应由专用馈电线供电。对于交流 380 V 电源，当采用软电缆供电时，宜备有一根专用芯线做接地线；当采用滑线供电时，对安全要求高的场合也应备有一根专用接地滑线，即四根滑线。凡相电压为 500 V 以上的电源，应符合高压供电有关规定。

2. 控制电路

起重机控制电路应保证控制性能符合机械与电气系统的要求，不得有错误回路、寄生回路和虚假回路。

3. 滑线的安全标志

供电主滑线应在非导电接触面涂红色油漆，并在适当的位置装设安全标志，或表示带电的指示灯。滑线接触面应平整无锈蚀，导电良好，安装适当，在跨越建筑物伸缩缝时应设补偿装置。

4. 电线敷设要求

（1）室外工作的起重机，电线应敷设于金属管中，金属管应经防腐处理。如用金属线槽或金属软管代替，必须要有良好的防雨及防腐性。

(2) 室内工作的起重机，电线应敷设于线槽或金属管中，电缆可直接敷设，在有机械损伤、化学腐蚀或油污浸蚀的地方，应有防护措施。

(3) 不同机构、不同电压等级、交流与直流的导线，穿管时应分开，照明线应单独敷设。

5. 自动开关

自动开关应随时清除灰尘，防止相互飞弧；并应经常检查维修，保证触头接触良好、端子连接牢固。

6. 接触器

接触器应经常检查维修，保证动作灵活可靠，铁心端面清洁，触头光洁平整、接触紧密、防止粘连、卡阻。可逆接触器应定期检查，确保联锁可靠。

7. 过电流继电器和延时继电器

过电流继电器和延时继电器的动作值，应按设计要求调整。不可把触头任意短接。

8. 控制器

控制器应操作灵活，挡位清楚，零位手感明确，工作可靠。控制器的操作力，应力求减少，不得任意拆除定位元件。操作手柄或手轮的动作方向应与机构动作的方向一致。直立式手柄应设有防止因意外碰撞而使电路接通的保护装置。

9. 制动电磁铁

电磁铁的衔铁应动作灵活准确、无阻滞现象，吸合时铁心接触面应紧密接触，无异常声响。电磁铁的中间气隙应符合原设计要求。电磁铁的行程应符合机构设计要求。

10. 电气保护装置

(1) 主隔离开关　起重机进线处宜设主隔离开关，或采取其他隔离措施。在地面操纵的小型单梁起重机可以不设。

（2）紧急断电开关　起重机必须设置紧急断电开关，在紧急情况下，应能切断起重总控制电源。紧急断电开关应设在司机操作方便的地方。

（3）短路保护　起重机上宜设总断路器来实现短路保护。起重机的机械机构由笼型异步电动机拖动时，应单独设短路保护。

（4）失压保护和零位保护　起重机必须设失压保护和零位保护。

（5）失磁保护　直流并激、复激、他激电动机，应设失磁保护。直流供电的能耗制动、涡流制动器调速系统，应设失磁保护。

（6）过流保护　每套机构必须单独设置过流保护。笼型异步电动机驱动机构和辅助机构可除外。三相绕线式电动机可在两相中设过流保护。用保护箱保护的系统，应在电动机第三相上设总过流继电器保护。

11. 接地

（1）接地的范围　起重机的金属结构及所有电气设备的外壳、管槽，电缆金属外皮和变压器低压侧，均应有可靠的接地。检修时应保持接地良好。起重机金属结构必须有可靠的电气连接。在轨道上工作的起重机，一般可通过车轮和轨道接地。必要时应另设专用接地滑线或采取其他的有效措施。

（2）起重电磁铁接地的要求　由交流电网整流供电的起重电磁铁，其外壳与起重机之间必须有可靠的电气连接。

（3）接地电阻　起重机轨道的接地电阻，以及起重机上任何一点的接地电阻均不得大于 4 Ω。主回路与控制回路的电源电压不大于 500 V 时，回路的对地绝缘电阻一般小于 0.5 MΩ 潮湿环境中不得小于 0.25 MΩ。测量时应用 500 V 的兆欧表在常温下进行。司机室地面应铺设绝缘垫。

12. 照明、信号

（1）照明应设专用电路　电源应由起重机主断路器进线端分接，当主断路器切断电源时，照明不应断电。各种照明均应设短路保护。严禁用金属结构做照明线路的回路。单一蓄电池供电，而电压不超过 24 V 的系统除外。

（2）专用电梯的照明　起重机的机器房、电气室及机务专用电梯的照度不应低于 5 lx。起重机司机室内照明，照度不应低于 30 lx。

（3）障碍信号灯　总高大于 30 m 的室外起重机在下列情况之一时，应设置红色障碍灯：周围无高于起重机顶尖的建筑物等设施时；有相碰可能时；有可能成为飞机起落飞行的危险障碍时。障碍灯的电源不得受起重机停机影响而断电。

（4）指示总电源信号　起重机应有指示总电源分合状况的信号，必要时还应设置故障信号或报警信号，信号指示应设置在司机或有关人员视力、听力可及的地点。

操作训练

（1）熟悉凸轮控制器、启动调速电阻、绕线式转子异步电动机的结构及接线方法。

（2）参考图 5—30 熟悉各元件的安装位置。

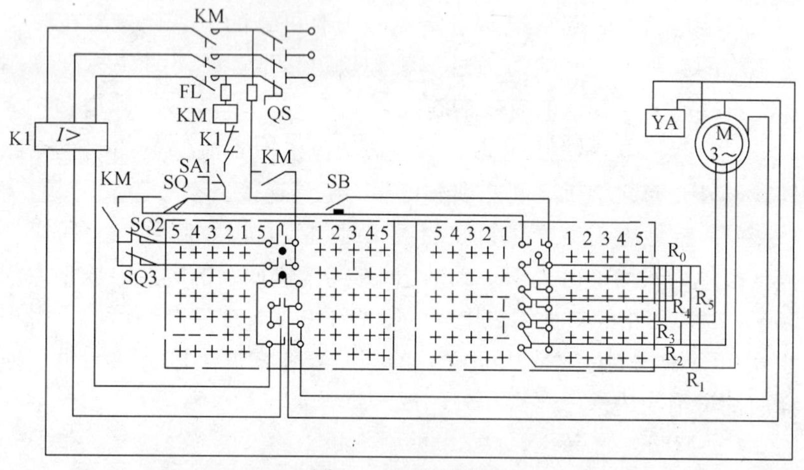

图 5—30　原理图

（3）详细查对各电气触点连线，并将各电气元件置为零位状态。

（4）熟悉连接电源进线和到各电动机的连线。

（5）接通电源进行整机正常运行操作。

工作领域六

手持及移动式电动工具的使用

作业项目 1 手持电钻

操作误区

禁忌 1 电气维修人员在使用手电钻进行电气安装与维修前，不对电钻做任何使用前的检查，就直接通电进行钻孔等加工。

禁忌 2 手持电钻使用完毕，不及时切断电源。

禁忌 3 在更换手持电钻上破损的电源线时，为节约成本，不按规定而选用绞质线、护套线等作为电源线使用。

血的教训

◆**事故案例 1** 某集团公司电工朱某在抛光车间通风过滤室安装过滤网时用手持电钻在角铁架上钻孔。使用时，电钻没有安装三芯插头，而是把电钻三芯导线中的工作零线和保护接地线连接在一起，与另一根火线分别插入三孔插座的两个孔内。当钻几个孔后，由于位置改变，导线拖动，工作零线打结后比火线短，首先脱离插座，导致电钻外壳带电，并通过身体、铁架、大地形成回路，致使朱某发生触电。

◆**事故案例 2** 李某，23 岁，在江宁一家玻璃厂打工，平常主要工作是安装玻璃房。某日，他与一名电工同事张某在一起施工，张某有事出去了一下，离开前张某并没有将电钻的电源切断，没想到，李某不小心碰到了电钻的开关，接通了电源的电钻突然启动，造成李某的腿部受伤。

◆**事故案例 3**　王某是一名 20 多岁的维修电工，日前他被请至一家涂料厂从事安装照明线路的工作。当日下午 4 时许，当他爬上铁梯用电钻钻孔时，因电源线表层绝缘损坏，铁梯不幸接触到电钻电源线裸露在外的带电部分，导致触电后该维修工从高处坠落。

专家提示

1. 手持电钻在每次使用前，应检查其电源开关是否失灵、破损、接线有无松动等现象，并应定期检查其防护罩、防护盖手柄等防护装置有无损伤、变形或松动。

2. 手持电钻的电源线应采用橡皮绝缘软电缆；单相用三芯电缆、三相用四芯电缆；且电缆不得有破损或龟裂、中间不得有接头。

3. 手持电钻使用完毕，应立即切断电源，并妥善保管。

相关知识

通过对一些事故的分析可知，造成事故的原因主要是使用工具的管理制度不严、操作者缺乏安全使用知识。因此在对工具的选购、使用、存放、保养、维修等各个环节都应建立严格的管理制度。

一、建立健全的工具管理制度的必要性

手持式电动工具用途广泛、使用和携带方便，操作者的流动性较大，若缺少必要的管理制度，缺乏检查手段，势必会造成使用状况的混乱。为此，国家《手持式电动工具的管理、使用、检查和维

修安全技术规程》对工具的有关要求做了明确规定。标准提出，对工具的设计和制造、选购和储运、使用保养、检查与维修等整个过程的每一个环节，都必须建立健全的规章制度。

二、管理制度的内容

根据手持式电动工具的使用状况和国家的有关标准规定，其管理制度内容包括：

1. 选购和储运管理制度

选购工具时，必须选用国家有关部门根据相应的标准检验合格的产品，并有详细的说明书，说明工具使用的安全技术要求，包括注意事项、可能出现的危险和相应的预防措施等。

必须存放在干燥、无有害气体和腐蚀性化学品的场所，并由具有专业技术知识的人员负责保管。

2. 不同类型工具的使用场合与措施

如在一般场合，尽力选用Ⅱ类工具；采用Ⅰ类工具时，必须同时采用其他安全保护措施；在狭窄场所，如锅炉、金属容器、管道内等，应使用Ⅲ类工具（Ⅰ、Ⅱ类工具的电压一般是 220 V 或 380 V；Ⅲ类工具过去采用 36 V，现“国标”规定为 42 V，需要专用变压器，此类工具较少使用）。

3. 保养、检查、维修制度

建立正常的发放和保养制度，如在工具发出或收回时，必须由保管人员进行日常检查。建立正常的检查和维修制度，如专（兼）职人员定期对工具进行全面检查。工具的维修必须送往专门修理的单位，必须经检验合格后，方可使用。

三、建立安全技术管理档案

建立安全技术管理档案是工具管理制度的一项重要内容，其内容包括：工具的使用说明书和有关安全技术资料、合格证以及工具台账、检验记录、维修记录、使用记录等。

1. 使用说明书、合格证

使用说明书是工具的基本证明材料，对工具的性能、安全要求有明确规定，是档案中不可缺少的资料。合格证是工具的合格证明材料，只有具备合格证的工具才允许使用。

2. 工具台账

按照工具和种类分类建立台账，以便于根据工作情况选用工具，掌握现有工具的种类和数量，及时做出增添或报废工具的计划。

3. 检验记录

建立日常、定期和抽样记录账簿，以便记录工具的检验情况。检验内容一般包括：工具的性能参数，发现的问题，分析、处理意见。据此可以做出保养、检修和购置计划，以保证日常生产。

4. 维修记录

若经检验发现工具存有隐患或故障，需要维修时，要做好记录。内容一般包括：工具故障的原因、损坏和更换的零件、修理工艺、修后试验记录、维修人和检验人等。

5. 使用与保养记录

日常使用工具，应建立工具“借”“还”规定，并做记录。内容一般包括：借用人、借用时间、工作内容、工具数量、工具使用前后的安全技术状态等。工具使用后进行检验、保养和记录。发现隐患和故障，及时加以排除。

四、操作指南

1. 凡使用电钻操作前，必须认真细致检查，试校、穿戴好按规定的防护用品。

2. 工具在接电源时，应按工具的铭牌所标出的电压、相数去连接符合要求的电源。

3. 在潮湿环境或露天淋雨时进行作业，必须使用 36 V 低压电钻，禁止使用 220 V 电钻。凡患心脏病或高血压者严禁在这种场合使用电钻。

4. 长期搁置不用的工具，使用时应先检查其转动部分是否转动灵活，并做相应的绝缘电阻测试。

5. 工具在接通电源时，首先应进行验电，在确保工具外壳不带电的前提下方可使用。

6. 在使用过程中如发现异常现象和故障时，应立即切断电源。只有将工具完全脱离电源后，才能进行详细检修。

7. 使用电钻时，必须手持电钻手柄部位，严禁拖拉电线，严禁将钻头当做手柄敲打物件。电钻停止使用或下班时应立即切断电源并认真做好交接班手续。预防触电事故的发生。

操作训练

冲打混凝土砌块或砖墙等建筑面的紧固孔和导线过墙孔。

作业项目2　交流弧焊机

操作误区

禁忌 1　交流弧焊机在使用前，忽视对电焊机的必要检查，造成事故隐患。

禁忌 2　为节约投资，用普通电缆代替电焊机的供电电缆。

禁忌 3　在没有断电的情况下就直接移动弧焊机。

禁忌 4　将交流电焊机的焊钳端接零（或接地）。

血的教训

◆ **事故案例 1**　某电厂下属分公司检修班职工刁某带领张某检修 380 V 电焊机。电焊机经维修后进行通电试验良好，并将电焊机开关断开。刁某安排工作组成员张某拆除电焊机二次线，自己拆除电焊机一次线。在工作过程中，刁某蹲下身拆除电焊机电源线中间接头，在拆完一相后，拆除第二相时意外触电，经抢救无效死亡。本次作业中刁某安全意识淡薄，不执行规章制度，拆除电焊机电源线中间接头时，未检查确认电焊机电源是否已断开，疏忽大意，凭经验、资历违章作业，在电源线带电又无绝缘防护的情况下作业，导致触电。

◆ **事故案例 2**　在阴雨天，滕某未采取任何安全防护措施就进行焊接作业，造成触电死亡。导致触电的原因有两个：一是雨水使电焊钳漏电；二是死者触及电焊钳的带电部分（如焊钳口、焊条等），使电焊机的负荷侧电压加于人体，较大的电流远远超过摆脱电流，使滕某无力自主摆脱而触电死亡。

1. 安装前应检查弧焊机是否完好；绝缘电阻是否符合要求（一次绝缘电阻应不低于 1 MΩ，二次绝缘电阻应不低于 0.5 MΩ）。

2. 弧焊机应放在干燥、通风良好处；远离易燃、易爆物品；室外使用的弧焊机应采取防雨雪、防尘措施。

3. 弧焊机的外壳应当接零（或接地）；弧焊机的二次侧焊钳连接线不得接零（或接地），二次侧的另一条线也只能一点接零（或接地），以防止部分焊接电流经过其他导体构成回路。

4. 电焊机在负载使用时电压只有30 V左右，但是为了保证电焊机可靠和方便地引燃电弧，希望有较高的空载电压。交、直流电焊机的空载电压有时可达 80～90 V，电焊机在负载使用时，经常移动位置可能导致电源线或电焊钳软线受损，使电焊工与电源直接接触的可能性大大增加。因此，应加强电焊机和开关连线的绝缘维修和保养，移动弧焊机时必须停电进行。

5. 焊接变压器是一个降压变压器，一般由 220/380 V 降低到电弧点火电压，即 60～90 V。根据焊接要求，焊接变压器的负载能够从无载到短路，或者从短路到无载急剧变化。当外电路的负载阻抗发生大的变化时，为了维持点燃着的电弧稳定与连续工作，要求焊接变压器的负载电流变化不应太大，即应有急剧下降的外特性。

相关知识

工具在使用中需要经常移动，因此震动也较大，容易发生碰壳事故；同时，由于在工作人员紧握之下运行，电源线的绝缘也容易由于拉、磨或其他机械原因而遭到破坏。因此，工具在使用过程中有很大的触电危险。为了保证操作者的安全，应采取安全措施。

一、保护接地或保护接零

保护接地或保护接零是Ⅰ类工具的附加安全预防措施。当Ⅰ类工具采用保护接地或保护接零时，能使可触及的导电部件在基本绝缘损坏的事故中不成为带电体，以保障操作者的人身安全。

1. 保护接地或保护接零的技术要求

Ⅰ类工具的保护接地或接零线不宜单独敷设，应当与电源线采用同样的防护措施。电源线必须采用三芯（单相工具）或四芯（三相工具）多股铜芯橡皮护套软电缆或护套软线，其中，绿/黄色标志的导线只能用做保护接地或接零线，原有以黑色线作为保护接地或接零线的软电缆或软线应逐步掉换。其专用芯线用做保护接地或接零线。保护接地或接零线应采用截面积在 0.75～1.5 mm^2 的多股铜线。

2. 保护接地或接零的接线方法

Ⅰ类工具是采取保护接地还是保护接零以及接线的方法正确与否，直接关系到操作者的人身安全。一般工厂 220/380 V 低压供电系统中采用将中性点工作接地的星形联结的三相四线制。在这样的供电系统中，工具应采用保护接零。在三角形联结的无中性点或星形接线中性点不接地的供电系统中应采取保护接地。

在中性点接地的供电系统中的接线方法如下：

（1）所有用电设备的金属外壳与系统中的零线可靠连接，禁止用保护接地代替保护接零。

（2）中性点工作接地的电阻应小于 4 Ω，并应在每年雨季前进行检测。

（3）保护零线要有足够的强度，应采用多股铜线，严禁用单股铝线。

（4）每台设备的接零连接线必须分别与接零干线相连，禁止互相串联。

（5）不允许在零线设开关和熔断器。

（6）零线导电能力不得低于相线的二分之一，其导电截面通过的电流应不小于熔断器额定电流的 4 倍，不小于自动开关瞬时动作电流脱扣整定电流的 1.25 倍。

二、安全电压

在特别危险的场合应采用安全电压的工具（Ⅲ类工具），应由独立电源或具备双线圈的变压器供电。如图 6—1 所示为双圈变压器接线图。

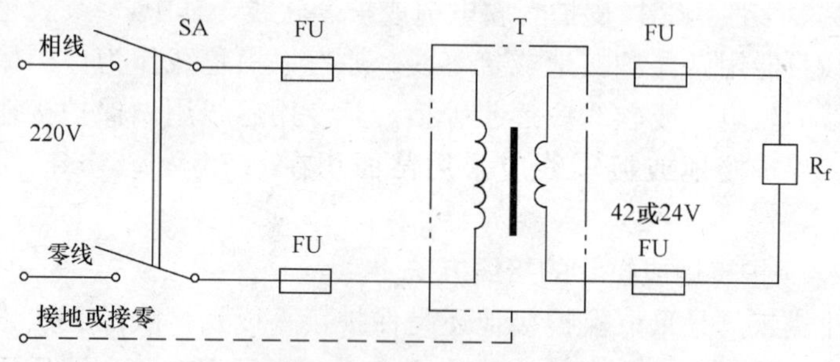

图 6—1　双圈变压器接线图

在使用Ⅲ类工具（即 42 V 及以下电压的工具）时，即使外壳带电，由于流过人体的电流较小，一般不容易发生触电事故。使用Ⅲ

类工具时，工具的外壳不应接零（或接地）；当工具使用电压大于 24 V 时,必须采取防直接接触带电体的保护措施。

三、隔离变压器

鉴于不接地电网中单相触电的危险性小于接地电网中单相触电的危险性，在接地电网中可以装备一台隔离变压器（见图 6—2），并由该隔离变压器给单相设备供电。隔离变压器的变压比是 1∶1，即一次、二次电压是相等的。隔离变压器二次线圈与一次线圈、与变压器外壳以及与大地均应保持良好的绝缘。因此，单相设备配用隔离变压器后不存在电压配合问题，可以直接接用；与没有隔离变压器时不同的只是单相设备转变为在不接地电网中运行，从而减少了触电危险。

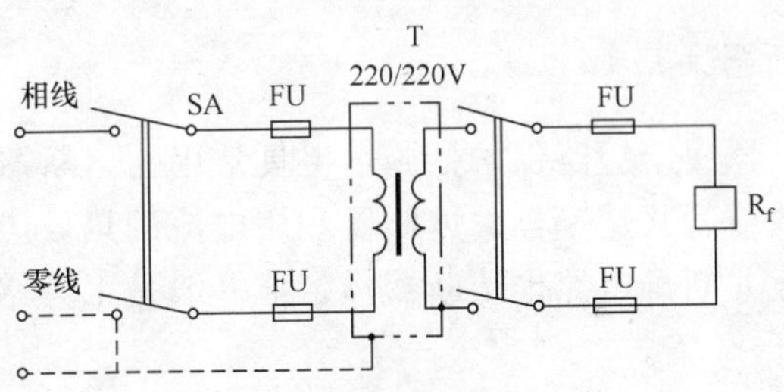

图 6—2　隔离变压器接线图（变压比为 1∶1）

四、双重绝缘

Ⅱ类工具在防止触电保护方面属于双重绝缘工具，不需要采用接地或接零保护，它是一种新型的、安全性能较高的工具。有些国家甚至在法律上规定：220 V 以上的工具必须采用双重绝缘结构。

双重绝缘的基本结构如图 6—3 所示。双重绝缘是指除基本绝缘（工作绝缘）之外，还有一层独立的附加绝缘。如转子铁心与转轴间的绝缘层等，用来保证在基本绝缘损坏时防止金属外壳带电，保护操作者。

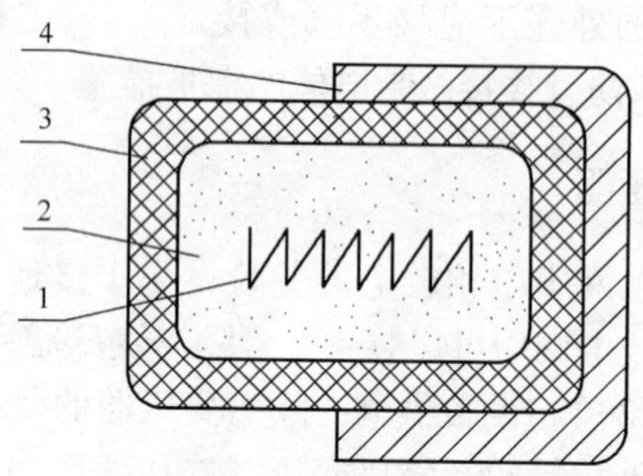

图 6—3　双重绝缘的基本结构

1—带电体　2—工作绝缘　3—保护绝缘　4—金属壳体

加强绝缘是指绝缘材料强度和绝缘性能都增强的基本绝缘，它具有与双重绝缘相同的触电保护能力。

五、熔断器保护

使用熔断器属于短路保护措施，工具常用的熔断器是在电路的相线上接盒式或管式熔断器。熔断器利用电流的热效应在一定额定电流值时熔化并断开电路。熔断器额定值一般是工具铭牌上所示额定电流的 1.5～2 倍。

在使用过程中常见的电流过大的故障有：过载；相线和中性线（或零线）相接触（短路）；相线通过工具的金属外壳与接地线相接触（接地故障）；三相工具的相线与相线相接触（两相短路）。上述任一故障都会导致电流过大，使熔断器熔化，断开电流，切断电源，使工具处于不带电状态，从而保证操作者的安全。

六、绝缘安全用具

Ⅰ类结构工具采用保护接地或保护接零，虽能抑制危险电压，但保护措施还是不够完善，因此，在使用工具时必须采用漏电保护器、安全隔离变压器等。当这两项措施的实施产生困难时，工具的操作者必须戴绝缘手套、穿绝缘鞋（或靴）或站在绝缘垫（台）上。

采用这些绝缘安全用具使人与工具的金属外壳（包括与相连的金属导体）隔离开。这是目前简便可行的安全措施。绝缘安全用具应按有关规定进行定期耐压试验和外观检查，凡是不合格的安全用具应禁止使用，绝缘用具应由专人负责保管和检查。

七、漏电保护器

漏电保护器是为了防止漏电或触电的保护仪器。如果在系统中出现漏电或触电事故，可以立即发出报警信号，迅速切断电源，起到保护人身安全的作用。漏电保护器主要分为电压型和电流型两种。

漏电保护器根据使用地区、工作环境的不同有多种组合形式。

一般来说，使用Ⅰ类工具时除采用其他保护措施外，还应采取漏电保护措施，尤其是在潮湿的场所或金属架构上等导电性能良好的作业场所，如果使用Ⅰ类工具，必须装设漏电保护器。

八、操作指南

1. 电焊机机壳必须接地及焊接注意事项

（1）接地的目的是防止电焊机意外碰壳带电伤人。应当注意的是，电焊机外壳的保护接地是指在任何情况下保证电焊机的外壳都必须与符合要求的接地体可靠连接。电焊机接地体可广泛利用自然接地极，如自来水管道，或者与大地有可靠连接的建筑物的金属结构等，但通过可燃、易爆物品的管道严禁作为自然接地体。自然接地极电阻超过4 Ω的，应采用人工接地体；否则，除能发生触电事故外，还可能引起火灾事故。对有多台电焊机的场所，一般要装公用电焊机接地线，每台电焊机应分别与公用接地线连接，不得串联。

（2）焊钳绝缘必须可靠，禁止采用无外壳的电焊钳，以防止发生意外。

（3）维修电焊机必须断开电源开关，断开电源的开关要有明显的断开间隙，并用电笔检验确认已停电，才能动手维修。非电工人员严禁带电修理。

（4）移动电焊机时必须切断电源，严禁用拖拉电缆的方法移动焊机。当焊接中突然停电时，应立即切断电源。

（5）连续焊接超过 1 h 后，检查焊机电缆，如温度达到 80℃时，必须切断电源，停止焊接。

（6）作业地点潮湿时，焊工应站在干燥的绝缘板或胶垫上作业，配合人员应穿绝缘鞋或站在绝缘板上。绝缘鞋的绝缘情况应在每次使用前检查，户外用的用后除污；户内用的三个月擦一次。

2. 高空（作业高度大于 2 m）作业要做好安全防护措施

应系好安全带或加设防护网等，以加强防护，避免发生高处坠落事故。焊接周围和下方应采取防火措施，并应设专人监护。遇到雨、雪天应停止露天作业。

3. 穿戴防护用品

作业时应穿戴防护服、电焊手套、防护面罩、护目镜等防护用品。这是因为焊接时电弧产生强烈的可见光和大量不可见的紫外线、红外线，容易灼伤眼睛和皮肤。产生电弧灼伤情况常见的有两种，一是焊接时电弧灼伤手或身体；二是在焊机带负荷情况下操作焊机开关，电弧灼伤手或脸。焊接时也容易发生热体烫伤的现象。热体烫伤主要是熔化的金属飞溅物、焊条头或炽热的焊件与身体接触造成的。因此，焊接时绝对不能穿短袖衣服或卷起袖子。另外，国家标准《焊接眼面防护具》（GB/T 3609—1994）对焊接滤光片的“紫外线透射比”“可见光透视比”和“红外线透视比”都有非常具体和明确的规定，对滤光片的屈光度偏差和平行度也有明确规定，必须全部性能都符合国家标准规定的焊接滤光片才可使用。目前，市售的一些劣质焊接滤光片（黑玻璃）只能防护可见光与紫外线，而防护红外线的作用差，将损伤视力，因此，绝不能图便宜去采购劣质焊接滤光片。

4. 容器内焊接的安全防护

在容器内焊接时应使用胶皮绝缘防护用具，并在附近安设一个电源开关，由助手专门负责看管和监护；同时，要听从焊接操作人员指示，随时通断电源。应设法通风或两个人轮换操作。若在通风条件极差的封闭容器内工作，还要佩戴有送风性能的防护头盔。

5. 手工电弧焊的安全防护

进行手工电弧焊时，金属和焊条药皮在电弧高温作用下发生蒸发、冷凝和汽化，产生大量烟尘；同时，电弧周围的空气在弧光强烈辐射作用下还会产生臭氧、氮氧化物等有毒气体。尤其是焊接，会产生更多的臭氧。在通风不良的条件下，长期接触这些有害物质会引起危害健康的多种疾病。特别是在化工设备、管道、锅炉、容器和船舱内焊接时，由于作业环境狭小，通风不良，焊接烟尘、有毒气体形成较高的浓度，危害就更大。因此，应采取通风措施，焊接通风是防止焊接烟尘和有害气体对人体危害的最重要的措施，也是降低焊接热影响的主要措施。凡在车间的各种容器及仓室内进行焊接作业时，都应采取通风措施，以保证作业人员的健康。通风方式可分为自然通风和机械通风，其中机械通风是依靠风机产生的压力来换气，除尘、排毒效果较好，因而在自然通风较差的室内、封闭的容器内进行焊接时，必须有机械通风措施。

6. 预防焊接引起的火灾

电弧焊接引起火灾或爆炸的原因有三种，一是焊接热源引起周围易燃物质燃烧；二是二次回路通过易燃物质，由于自身发热或接触不良产生火花引起燃烧；三是焊接用于盛装（或通过）燃料的容器、管道时防爆措施不当引起爆炸。防止火灾与爆炸应做到：电焊作业现场周围 10 m 内不得堆放易爆物品；在易燃、易爆气体或液体扩散区域内，承压状态的压力容器及管道、带电设备，装有易燃、易爆物品的容器内以及受力构件上严禁焊接。严禁在已喷涂过涂料和塑料的容器内焊接。

7. 预防有毒、有害的烟尘和气体

通过调整焊条的成分，在保证焊条基本性能的条件下，尽量降低加入药皮材料中的烟尘及有毒气体的发生量，例如，采用低毒氢型焊条可控制发尘量和氟锰含量；采用不锈钢低尘焊条可控制烟尘中可熔性铬的含量等。除此之外，还应采用低尘的药芯焊丝。

8. 注意低频和极低频电磁辐射的危害

低频和极低频电磁波的频率范围是0～300 Hz。使用50 Hz交流电的交流电焊机就会辐射低频电磁波。低频电磁场对人体健康的影响目前还是医学上研究的一个热点问题，初步认为将降低人体的免疫能力，并对神经系统有不利影响。防护措施是：尽量避免在工作的电焊机旁边休息在，在工作时不要把焊接电缆缠在身上等。

9. 防止飞溅的焊渣伤害眼睛

在清除焊缝熔渣时，可能会由于碎渣飞溅而刺伤或烫伤眼睛。因此，清除焊缝熔渣时应戴防护眼镜，头部应避开敲击焊渣飞溅方向。

10. 从业人员持证上岗

金属焊接属于特种作业，根据我国《安全生产法》的规定，特种作业人员必须经过专门的安全作业培训，取得特种作业操作证书后方可上岗。因此，从事电焊作业人员应进行必要的职业安全卫生知识教育，提高其自我防范意识，降低职业病的发病率；同时，国家有关部门还应加强电焊作业场所尘毒危害的监测工作以及电焊工的体检工作，及时发现和尽快解决问题。

操作训练

手工电弧焊：引弧、堆焊平焊波、平焊对接。

要求熟练掌握引弧技术，引弧位置要准，初步掌握堆焊平焊波和平焊对接操作要领，焊缝成型良好。